제2판

고급 미적분학

CALCULUS

김병문 · 김현동 · 손성익 · 송병철 · 오주목 지음

KM 경문사

BuiLearn Access Code 사용설명서

Builearn.untactedu.co.kr

- **회원가입 클릭**

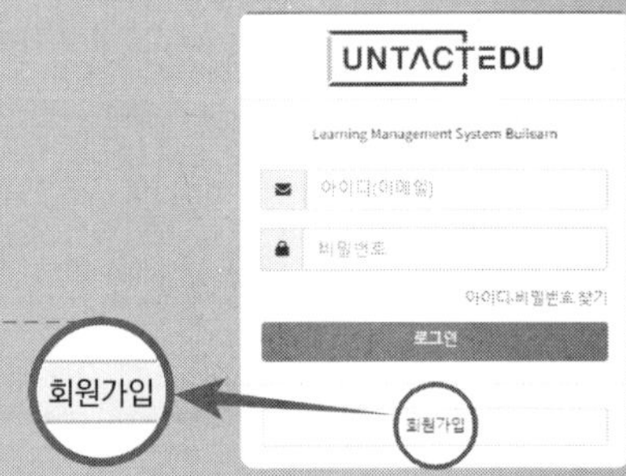

- **학생 선택**
- **채널 선택**:
  본인 소속 학교 선택 바랍니다.

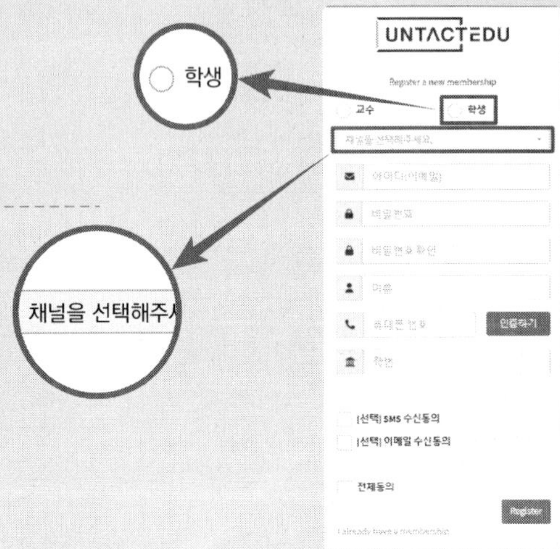

- **Manual**: 사용 매뉴얼 다운로드 가능합니다.
- **Tutorial**: 과제 수행 방법 동영상 및 실습 Tutorial 가능합니다.
- **강의신청**: 강의코드 등 검색 후 강의 신청 가능합니다.
- **Access Code 관리**: BuiLearn Access Code 입력 가능합니다.

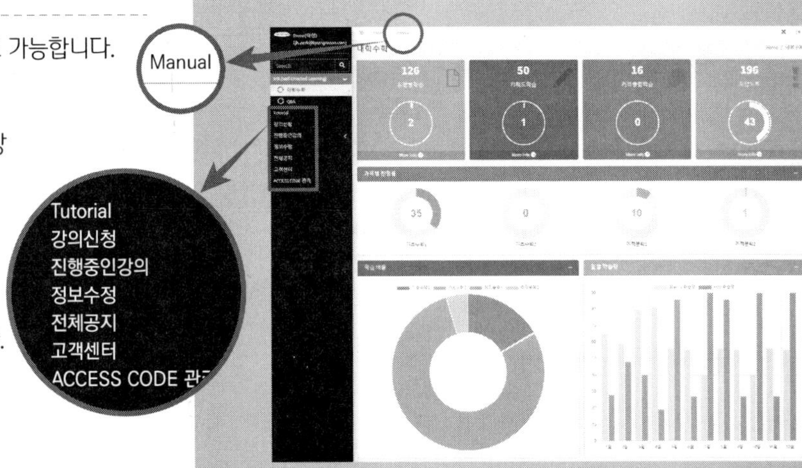

- **코드입력**: BuiLearn Access Code(BAC) 입력이 가능합니다.
- **사용이력**: BAC 사용 이력 확인이 가능합니다.

7-GA5L-ER3P-MUGJ-4EVF

머리말

현대 문명의 토대를 이루고 있는 과학기술의 눈부신 성장은 합리적이고 분석적인 사고 능력과 수리적인 계산 능력 등이 뒷받침되었기에 가능한 성과였다. 그러나 이러한 현실적 당위성과 필요성에도 불구하고 대학에서 제공하는 교육과정을 이수하기에는 수학의 기초가 부족한 학생이 많은 것이 현실이다. 특히 이공계열의 대학생들이 전공 분야에 유연하게 적응하기 위해서는 체계적인 수학적 훈련을 거쳐야 한다. 이 책은 현대 과학기술의 토대이자 수학적 계산의 주요한 틀로 기능하는 '미적분'의 고급 개념과 응용을 중심으로 다루고 있다. 이를 통해 다양한 전공의 학생들이 각 분야에서 요구하는 수리적인 분석 능력과 계산 능력을 배양할 수 있도록 돕고자 하였다. 그리고 이러한 목적에 맞게 개념과 정리들에 대한 추상적이고 복잡한 설명은 가급적 피하고, 대신 직관적인 설명이나 간결한 증명을 통해 다루는 내용에 대한 빠른 이해와 적응이 가능하도록 노력하였다.

이 책은 미분적분학의 기초과정을 이수한 대학 1학년 이공계열 학생들을 대상으로 하는 미분적분학의 고급과정으로써 주당 3시간씩, 한 학기에 이수할 수 있도록 편성하였다. 제1장에서는 수열, 무한급수와 멱급수를 체계적으로 정리하였고, 제2장에서는 벡터와 벡터 함수, 그리고 행렬의 개념을 소개하였다. 그리고 일변수 함수를 확장한 다변수 함수의 이해와 다양한 응용을 위해 제3장과 제4장에 다변수 함수의 미분과 적분을 각각 수록하였다.

이 책은 학생들이 원리를 쉽게 이해하는 동시에, 문제풀이 능력을 키워나갈 수 있도록 단계별로 필요한 예제와 풀이를 풍부하게 제시하였다. 또 학생들이 독자적으로 학습할 수 있도록 각 절의 마지막에는 연습문제를, 각 장의 마지막에는 종합문제를 배치하였고, 문제의 해답은 부록으로 수록하였다. 모쪼록 이 책을 통해 학생들이 전공에 대한 포괄적인 이해를 하고, 수학에 대한 자신감과 친밀감을 쌓아 학업에서 큰 성취를 이루는 계기가 되기를 바라마지 않는다. 모쪼록 이 책이 학생들의 성장을 돕고, 지식정보화 시대에 필요한 수학적 소양을 갖추는 데 좋은 도구로 쓰일 수 있기를 바란다.

끝으로 이 책을 만드는 데 협조를 아끼지 않으신 동료 교수들과 세심하게 다듬어서 좋은 도서로 꾸며주신 도서출판 경문사 여러분께 깊은 감사를 드린다.

저자 일동

차례

제1장 수열과 급수

제2장 벡터와 행렬

제3장 다변수 함수의 미분

제4장 중적분

부록

제 1 장

수열과 급수

1.1 무한수열

1.2 무한급수

1.3 교대급수와 절대수렴 및 조건부수렴

1.4 멱급수와 멱급수의 미분과 적분

1.5 맥클로린 급수와 테일러 급수

1.6 테일러 공식과 멱급수를 이용한 근삿값 계산

1.1 무한수열

CALCULUS

정의 1.1 수열

자연수의 집합 N을 정의역, 실수의 집합 R을 공역으로 하는 함수 $a: N \to R$를 **무한수열**(infinite sequence), 간단히 **수열**이라 한다.
이때 함수 값들

$$a(1),\ a(2),\ a(3),\ \cdots,\ a(n),\ \cdots$$

을 **수열의 항**(term)이라고 한다.

수열을 간단히 a_1, a_2, a_3, $\cdots$, a_n, $\cdots$, 또는 $\{a_n\}_{n=1}^{\infty}$, 또는 $\{a_n\}$으로 나타내고 a_n을 수열의 제n번째 항, 또는 **일반항**이라 한다.

예제 1.1 (1) 수열 $0,\ \frac{1}{2},\ \frac{2}{3},\ \frac{3}{4},\ \frac{4}{5}\ \cdots$는 $\left\{1-\frac{1}{n}\right\}_{n=1}^{\infty}$

(2) 수열 $1,\ 1,\ 1,\ \cdots$는 $\{1\}_{n=1}^{\infty}$

(3) 수열 $-1,\ 0,\ 1,\ 2,\ \cdots$는 $\{n-2\}_{n=1}^{\infty}$

(4) 수열 $1,\ -1,\ 1,\ -1,\ 1,\ \cdots$는 $\{(-1)^{n-1}\}$

(5) 수열 $0,\ 1,\ \sqrt{2},\ \sqrt{3},\ \cdots$는 $\{\sqrt{n-2}\}_{n=2}^{\infty}$으로 나타낼 수 있다.

예제 1.2 수열 3.1, 3.14, 3.141, 3.1415, 3.14159, $\cdots$을 수열 $\{a_n\}$이라 하면, 여기서 n번째 항은 '$a_n=\pi$를 소수점 이하 n자리까지 나타낸 수'로 정의된다. 즉,

$$a_n = \frac{m}{10^n}$$

여기서 m은 $\frac{m}{10^n} \le \pi \le \frac{m+1}{10^n}$인 정수, 즉 $m = \lceil 10^n \pi \rceil$ 이다.

예제 1.3 **피보나치 수열**

수열 1, 1, 2, 3, 5, 8, 13, 21, ⋯은 아래 점화식에 의해 생성되는 수열 $\{a_n\}$

$$a_1 = 1,\ a_2 = 1,\ a_n = a_{n-1} + a_{n-2} \quad (n \ge 3)$$

으로 정의할 수 있다.이 수열은 이탈리아 수학자 피보나치(Fibonacci)가 토끼의 번식에 관련한 문제를 푸는 과정에서 얻은 것이다.

정의 1.2 수열의 수렴과 발산

(1) 만일 충분히 큰 n을 취하여 a_n이 L(유한확정)에 근접하게 할 수 있다면 수열 $\{a_n\}$은 극한값 L을 가지며 $\{a_n\}$은 L로 **수렴**한다고 하고 아래와 같이 쓴다.

$$\lim_{n\to\infty} a_n = L$$

(2) 수열 $\{a_n\}$이 극한값을 가지지 않으면 발산한다고 한다.

(3) 만일 수열 $\{a_n\}$이 양의 값으로 무한히 커지면 $\{a_n\}$은 ∞로 발산한다고 하고 다음과 같이 쓴다.

$$\lim_{n\to\infty} a_n = \infty$$

참고 정의 1.2 (3)에서 $\lim_{n\to\infty} a_n = \infty$은 임의의 양수 M에 대하여 어떤 정수 N이 존재하여 $n > N$인 모든 n에 대하여 $a_n > M$이 성립함을 의미한다.

예제 1.4 (a) $\lim_{n\to\infty}\left(1-\frac{1}{n}\right) = 1$이므로 수열 $\left\{1-\frac{1}{n}\right\}$은 1로 수렴한다.

(b) $\lim_{n\to\infty} 1 = 1$이므로 수열 $\{1\}$은 1로 수렴한다.

(c) $\lim_{n\to\infty}(n-2) = \infty$이므로 수열 $\{n-2\}$는 발산한다.

(d) $(-1)^{n-1}$은 정의되지 않으므로 수열 $\{(-1)^{n-1}\}$은 발산한다.

(e) $\lim_{n\to\infty}\sqrt{n-3} = \infty$이므로 수열은 $\{\sqrt{n-2}\}$은 발산한다.

예제 1.5 수열

$$3.1,\ 3.14,\ 3.141,\ 3.1415,\ \cdots$$
$$(a_n = \pi\text{를 소수점 이하 } n\text{자리까지 나타낸 수})$$

은 π로 수렴함을 보여라. 즉, $\lim_{n \to \infty} a_n = \pi$.

풀이 $a_n = \dfrac{m}{10^n}$, 여기서 m은 $\dfrac{m}{10^n} \le \pi \le \dfrac{m+1}{10^n}$인 정수이므로

$$a_n \le \pi \le a_n + \frac{1}{10^n}$$

이고 $\lim_{n \to \infty} \dfrac{1}{10^n} = 0$이므로

$$\lim_{n \to \infty} a_n = \pi$$ ◆

정리 1.1

두 수열 $\{a_n\}$, $\{b_n\}$이 수렴하는 수열이고 k가 상수일 때, 다음이 성립한다.

(1) $\lim_{n \to \infty} (a_n \pm b_n) = \lim_{n \to \infty} a_n \pm \lim_{n \to \infty} b_n$

(2) $\lim_{n \to \infty} k a_n = k \lim_{n \to \infty} a_n$

(3) $\lim_{n \to \infty} a_n b_n = (\lim_{n \to \infty} a_n)(\lim_{n \to \infty} b_n)$

(4) $\lim_{n \to \infty} \dfrac{a_n}{b_n} = \dfrac{\lim_{n \to \infty} a_n}{\lim_{n \to \infty} b_n}$ (단, $\lim_{n \to \infty} b_n \ne 0$)

예제 1.6 수열 $\{a_n\}=\left\{\frac{n}{1-2n}\right\}$에서 분자 분모를 n으로 나누면

$$\lim_{n\to\infty}\frac{n}{1-2n}=\lim_{n\to\infty}\frac{1}{\frac{1}{n}-2}=-\frac{1}{2}$$

이다. 이는 수열 $\{a_n\}$이 $-\frac{1}{2}$로 수렴함을 의미한다.

예제 1.7 $\lim_{n\to\infty} n\sin\frac{\pi}{2n}=\lim_{x\to\infty}\frac{\pi}{2}\frac{\sin\frac{\pi}{2x}}{\frac{\pi}{2x}}=\frac{\pi}{2}\lim_{t\to 0^+}\frac{\sin t}{t}=\frac{\pi}{2}\cdot 1=\frac{\pi}{2}$

(여기서 $t=\frac{\pi}{2x}$로 치환하면 $x\to\infty$일 때 $t\to 0+$임을 유의하자.)

정의 1.3 단조증가수열과 단조감소수열

수열 $\{a_n\}$이 모든 자연수 n에 대하여 $a_n \le a_{n+1}$을 만족하면 **단조증가수열**(increasing sequence)이라 한다. 한편 모든 자연수 n에 대하여 $a_n \ge a_{n+1}$인 수열 $\{a_n\}$을 **단조감소수열**(decreasing sequence)이라 한다. 단조증가 또는 단조감소인 수열을 **단조수열**(monotone sequence)이라 한다.

예제 1.8 수열 $\left\{\frac{3}{n+5}\right\}$은 모든 자연수 n에 대하여 $\frac{3}{n+5}>\frac{3}{(n+1)+5}=\frac{3}{n+6}$이므로 감소수열이다.

예제 1.9 수열 $\{3+(-1)^n\}$은 2, 4, 2, 4, $\cdots$이므로 증가도 감소도 아닌 수열이다. 따라서 단조수열이 아니다.

정의 1.4 유계수열

모든 자연수 n에 대해 $a_n \le M$을 만족하는 수 M이 존재하면 수열 $\{a_n\}$은 위로 유계라 한다. 또한 모든 자연수 n에 대해 $a_n \ge L$을 만족하는 수 L이 존재하면 수열 $\{a_n\}$은 아래로 유계인 수열이라 한다. 위로 유계이고 아래로 유계인 수열을 **유계수열**(bounded sequence)이라 한다.

예제 1.10 수열 $\{-n\}$은 모든 자연수 n에 대해 $n \le -1$이 성립하므로 아래로 유계인 수열이다.

예제 1.11 수열 $\left\{\frac{n}{n+1}\right\}$은 모든 자연수 n에 대해 $0 < \frac{n}{n+1} < 1$이므로 위로 유계이고 아래로 유계인 수열이 되어 유계수열이 된다.

정리 1.2 단조수렴정리

단조유계수열은 수렴한다.

예제 1.12 수열 $\left\{\frac{n}{n+1}\right\}$은 모든 자연수 n에 대하여 $\frac{n}{n+1} < \frac{n+1}{n+2}$이 성립하므로 증가수열이다. 한편 예제 1.10에 의해 유계수열이므로 정리 1.2에 의해 수렴한다. 실제로 이 수열은 $\lim_{n\to\infty}\frac{n}{n+1} = 1$이므로 1로 수렴한다.

연습문제 1.1

01. 다음 수열의 제 n 항을 구하라.

(1) $-1,\ 2,\ -3,\ 4,\ -5,\ 6,\ \cdots$

(2) $3,\ -\frac{3}{2},\ \frac{3}{4},\ -\frac{3}{8},\ \cdots$

(3) $2,\ 7,\ 12,\ 17\cdots$

(4) $0,\ 2,\ 0,\ 2,\ 0,\ 2,\ \cdots$

02. 다음 수열의 처음 네 항을 써라.

(1) $a_n = \sin\frac{n\pi}{2}$

(2) $a_n = \frac{3+2n^2}{n+n^2}$

(3) $a_n = \frac{(n+2)!}{n!}$

(4) $a_n = n2^{-n}$

03. 다음 수열의 수렴, 발산을 논하고 수렴하면 극한값을 구하라.

(1) $\{\ln(\ln n)\}$

(2) $\left\{\frac{\sin n}{\sqrt{n}}\right\}$

(3) $\left\{\frac{\sqrt{n}}{1+\sqrt{n}}\right\}$

(4) $\left\{\cos\frac{2}{n}\right\}$

(5) $\left\{\frac{e^n+e^{-n}}{e^{2n}}\right\}$

(6) $\left\{\frac{(\ln n)^2}{n}\right\}$

(7) $\left\{\frac{1+(-1)^n}{n}\right\}$

(8) $\left\{\frac{1\cdot 3\cdot 5\cdots(2n-1)}{(2n)^n}\right\}$

04. 위 문제 1, 2에서 증가수열 혹은 감소수열은 어떤 것인가?

05. 위 문제 1, 2에서 위로 유계인 수열, 아래로 유계인 수열, 그리고 유계수열은 어떤 것이 있는가?

1.2 무한급수

CALCULUS

정의 1.5 무한급수

무한수열 $\{a_n\}$의 합 $\sum_{n=1}^{\infty} a_n = a_1 + a_2 + \cdots + a_n + \cdots$을 **무한급수**(infinite series)라 하고 다음과 같이 정의되는 $S_n = a_1 + \cdots + a_n$을 n번째 **부분합**(n-th partial sum)이라 한다.

즉,

$$
\begin{aligned}
S_1 &= a_1 \\
S_2 &= a_1 + a_2 \\
S_3 &= a_1 + a_2 + a_3 \\
&\ \vdots \\
S_n &= a_1 + a_2 + \ldots + a_n \\
&\ \vdots
\end{aligned}
$$

또한 $S_1,\ S_2,\ \cdots,\ S_n,\ \cdots$은 부분합의 수열 $\{S_n\}$을 이루게 되는데 $n \to \infty$일 때 S_n이 일정한 극한값 S를 가지면 이 무한급수는 수렴한다고 하고 S를 그 **급수의 합**(sum of series)이라 한다. 즉,

$$\sum_{n=1}^{\infty} a_n = \lim_{n\to\infty}\left(\sum_{k=1}^{n} a_k\right) = \lim_{n\to\infty} S_n = S$$

반면에 부분합의 수열 $\{S_n\}$이 발산하면 그 무한급수도 발산한다고 한다.

예제 1.13 기하급수(또는 무한등비급수)

$\sum_{n=1}^{\infty} ar^{n-1} = a + ar + ar^2 + \cdots + ar^{n-1} + \cdots$ $(a \neq 0)$의 수렴, 발산을 조사해보자. 여기서 a는 초항, r은 공비라고 한다.

풀이 $S_n = a + ar + ar^2 + \cdots + ar^{n-1}$이라 놓으면

(i) $r = 1$

$$S_n = a + a + \cdots + a = na, \quad \lim_{n \to \infty} na = \pm\infty$$

이므로 이 급수는 발산한다.

(ii) $r \neq 1$

$$S_n = a + ar + ar^2 + \cdots + ar^{n-1}$$
$$rS_n = ar + ar^2 + \cdots + ar^n$$

이므로 $S_n - rS_n = a - ar^n$이고 $S_n = \dfrac{a(1-r^n)}{1-r}$이 된다.

여기서 $-1 < r < 1$인 경우 $\lim\limits_{n \to \infty} r^n = 0$이 되므로

$$\lim_{n \to \infty} S_n = \lim_{n \to \infty} \frac{a(1-r^n)}{1-r} \quad \frac{a}{1-r} - \frac{a}{1-r} \lim_{n \to \infty} r^n = \frac{a}{1-r}$$

따라서 $|r| < 1$이면 기하급수

$$\sum_{n=1}^{\infty} ar^{n-1} = a + ar + ar^2 + \cdots + ar^{n-1} + \cdots$$

는 $\dfrac{a}{1-r}$로 수렴한다.

한편 $|r| > 1$인 경우 수열 $\{r^n\}$이 발산하므로 $\lim\limits_{n \to \infty} S_n$은 존재하지 않는다.

따라서 이 급수는 발산한다.

예제 1.14 급수 $\displaystyle\sum_{n=1}^{\infty} \frac{3}{2^n} = \sum_{n=1}^{\infty} 3\left(\frac{1}{2}\right)^n$은 $a = 3$이고 공비 $r = \dfrac{1}{2}$이므로 수렴하고 그 합은 $S = \dfrac{a}{1-r} = \dfrac{3}{1-\dfrac{1}{2}} = 6$이다.

예제 1.15 급수 $\displaystyle\sum_{n=1}^{\infty} \left(\frac{3}{2}\right)^n$은 공비 $r = \dfrac{3}{2} > 1$이므로 발산한다.

정리 1.3

무한급수 $\sum_{n=1}^{\infty} a_n = a_1 + a_2 + \cdots + a_n + \cdots$ 이 수렴하기 위한 필요조건은 $\lim_{n\to\infty} a_n = 0$ 이다.

증명 주어진 급수의 합을 S 라 하면 $\lim_{n\to\infty} S_n = S$ 이고

$$\lim_{n\to\infty} a_n = \lim_{n\to\infty}(S_n - S_{n-1}) = S - S = 0$$

이다. ◆

예제 1.16 조화급수 $\sum_{n=1}^{\infty} \frac{1}{n} = 1 + \frac{1}{2} + \frac{1}{3} + \frac{1}{4} + \cdots$ 은 발산함을 보여라.

풀이

$$1 + \frac{1}{2} + \left(\frac{1}{3} + \frac{1}{4}\right) + \left(\frac{1}{5} + \frac{1}{6} + \frac{1}{7} + \frac{1}{8}\right) + \cdots$$

$$\geq 1 + \frac{1}{2} + \left(\frac{1}{4} + \frac{1}{4}\right) + \left(\frac{1}{8} + \frac{1}{8} + \frac{1}{8} + \frac{1}{8}\right) + \cdots$$

$$= 1 + \frac{1}{2} + \frac{1}{2} + \frac{1}{2} + \ldots = \infty$$ ◆

주의 조화급수 $\sum_{n=1}^{\infty} \frac{1}{n}$ 은 $\lim_{n\to\infty} a_n = 0$ 이지만 발산한다. 따라서 정리 1.3은 수렴에 관한 충분조건은 아니다.

따름정리

만일 $\lim_{n\to\infty} a_n \neq 0$ 이면 무한급수 $\sum_{n=1}^{\infty} a_n$ 는 발산한다.

예제 1.17 무한급수 $\sum_{n=1}^{\infty} \frac{n^3}{3n^3 + 2n^2}$ 의 수렴, 발산을 논하라.

풀이 $\lim_{n\to\infty}\frac{n^3}{3n^3+2n^2} = \lim_{n\to\infty}\frac{1}{3+\frac{2}{n}} = \frac{1}{3} \neq 0$

따라서 위 따름정리에 의해 이 급수는 발산한다.

예제 1.18 무한급수 $\sum_{n=1}^{\infty}\frac{2}{4n^2-1}$의 수렴, 발산을 논하라.

풀이

$$a_n = \frac{2}{4n^2-1} = \frac{2}{(2n-1)(2n+1)} = \frac{1}{2n-1} - \frac{1}{2n+1}$$

따라서 제 n 항까지의 부분합은

$$S_n = \left(1-\frac{1}{3}\right)+\left(\frac{1}{3}-\frac{1}{5}\right)+\cdots+\left(\frac{1}{2n-1}-\frac{1}{2n+1}\right) = 1-\frac{1}{2n+1}$$

이므로

$$\sum_{n=1}^{\infty}\frac{2}{4n^2-1} = \lim_{n\to\infty}S_n = \lim_{n\to\infty}\left(1-\frac{1}{2n+1}\right) = 1$$

이다. ◆

참고 예제 1.18은 **망원급수**(telescoping series)의 한 예이다.

정의 1.6 양항급수

무한급수 $\sum_{n=1}^{\infty}a_n$의 모든 항이 양인 급수를 **양항급수**(positive series)라 한다.

정리 1.4

양항급수 $\sum_{n=1}^{\infty}a_n$의 부분합의 수열 $\{S_n\}$이 위로 유계이면 그 급수는 수렴한다.

증명 부분합의 수열 $\{S_n\}$은 $S_n - S_{n-1} = a_n > 0$이므로 증가수열이고 모든 자연수 n에 대해 $S_n > a_1$이므로 아래로 유계이다. 또한, 가정에서 $\{S_n\}$은 위로 유계이므로 유계수열이다. 따라서 정리 1.2에 의해 $\{S_n\}$은 수렴한다. 그러므로 이 급수는 수렴한다. ◆

정리 1.5 적분판정법(integral test)

함수 f가 $[1, \infty)$에서 정의된 연속인 감소함수이고, 모든 x에 대해 $(f(x) > 0)$이라 하자. 이때 급수 $\sum_{n=1}^{\infty} f(n)$이 수렴하기 위한 필요충분조건은 이상적분 $\int_1^{\infty} f(x)dx$가 수렴하는 것이다.

증명 먼저 이상적분이 수렴한다고 가정하자. [그림 1.1]의 (a)에 의해

$$f(2) \le \int_1^2 f(x)dx,\ f(3) \le \int_2^3 f(x)dx\ \cdots$$

는 분명하므로

$$f(2) + f(3) + \cdots + f(n) \le \int_1^n f(x)dx \le \int_1^{\infty} f(x)dx$$

그런데 우변의 적분이 수렴하므로 급수 $\sum_{n=1}^{\infty} f(n)$의 부분합은 유계이다.
따라서 정리 1.2에 의해 이 급수는 수렴한다.
역으로, $\sum_{n=1}^{\infty} f(n)$이 수렴한다고 가정하면 부분합 $f(1) + f(2) + \cdots + f(n)$은 n이 커질 때 극한값 S에 수렴한다. [그림 1.1]의 (c)에 의해

$$f(1) \ge \int_1^2 f(x)dx,\quad f(2) \ge \int_2^3 f(x)dx\ \cdots$$

따라서

$$S \ge f(1) + f(2) + \cdots + f(n) \ge \int_1^n f(x)dx$$

그러므로,

$$\lim_{n\to\infty}\int_1^n f(x)dx = \int_1^\infty f(x)dx$$

는 수렴한다. ◆

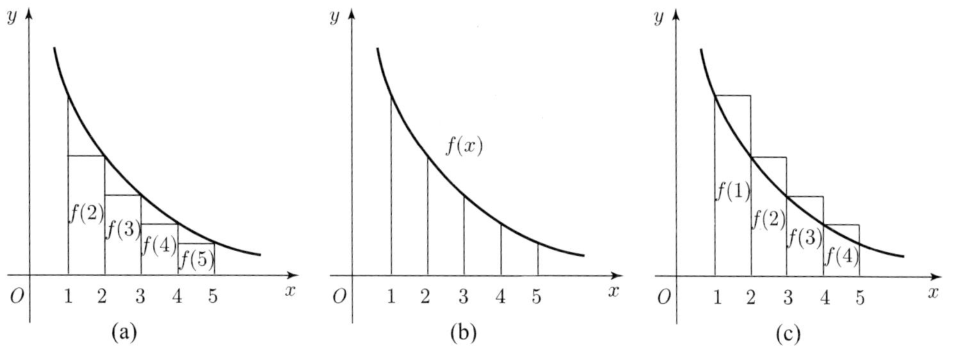

[그림 1.1] 적분판정법

예제 1.19 p급수 $\sum_{n=1}^{\infty}\frac{1}{n^p}$이 수렴하기 위한 필요충분조건은 $p>1$임을 보여라.

풀이 $p\le 0$이면 $\lim_{n\to\infty}\frac{1}{n^p}\ne 0$이므로 정리 1.3의 따름정리에 의해 $\sum_{n=1}^{\infty}\frac{1}{n^p}$은 발산한다. 따라서 $p>0$이라 하자. $p=1$이면 이 급수는 조화급수가 되어 발산하므로 $p\ne 1$이라 하자. 적분판정법을 쓰기 위해 함수 f를 $f(x)=\frac{1}{x^p}(x\ge 1)$이라 하면 $f(n)=\frac{1}{n^p}$이고 f는 $[1, \infty)$에서 연속인 감소함수이다.

$$\int_1^\infty f(x)dx = \lim_{a\to\infty}\int_1^a \frac{1}{x^p}dx = \lim_{a\to\infty}\frac{a^{1-p}-1}{1-p}$$

$p>1$이면

$\lim_{a\to\infty} a^{1-p}=0$이므로 $\int_1^\infty \frac{1}{x^p}dx = \frac{-1}{1-p}$이 되어 $\sum_{n=1}^{\infty}\frac{1}{n^p}$은 수렴한다.

$0<p<1$이면

$\lim_{a\to\infty} a^{1-p}=\infty$이므로 $\int_1^\infty \frac{1}{x^p}dx=\infty$이 되어 $\sum_{n=1}^{\infty}\frac{1}{n^p}$은 발산한다. ◆

예제 1.20 무한급수 $\sum_{n=1}^{\infty} \frac{1}{n^2+1}$이 수렴함을 보여라.

풀이 $f(x) = \frac{1}{x^2+1}$은 $x \geq 1$에서 양이고 연속인 감소함수이다.

$$\int_1^{\infty} \frac{1}{x^2+1} dx = \lim_{b \to \infty} \int_1^b \frac{1}{x^2+1} dx = \lim_{b \to \infty} [\arctan x]_1^b$$

$$= \lim_{b \to \infty} (\arctan b - \arctan 1)$$

$$= \frac{\pi}{2} - \frac{\pi}{4} = \frac{\pi}{4}$$

따라서 적분판정법에 의해 이 급수는 수렴한다. ◆

정리 1.6 비교판정법(comparison test)

모든 n에 대하여 $0 < a_n \leq b_n$일 때

(1) $\sum_{n=1}^{\infty} b_n$이 수렴하면 $\sum_{n=1}^{\infty} a_n$도 수렴한다.

(2) $\sum_{n=1}^{\infty} a_n$이 발산하면 $\sum_{n=1}^{\infty} b_n$도 발산한다.

증명 (1) $\sum_{n=1}^{\infty} b_n = B$라고 하자.

$$A_n = a_1 + a_2 + \cdots + a_n, \quad B_n = b_1 + b_2 + \cdots + b_n$$

이라 하면 $m = 1, 2, \cdots, n$에 대해 $a_m \leq b_m$이므로 $A_n \leq B_n$이 된다. 따라서 $\lim_{n \to \infty} A_n \leq \lim_{n \to \infty} B_n = B$를 얻게 되고 부분합의 수열 $\{A_n\}$은 위로 유계이고 그러므로 정리 1.4에 의해 $\sum_{n=1}^{\infty} a_n$은 수렴한다.

(2) 만일 $\sum_{n=1}^{\infty} a_n$이 발산하면 (1)에 의하여 $\sum_{n=1}^{\infty} b_n$도 발산한다. ◆

예제 1.21 무한급수 $\sum_{n=1}^{\infty} \frac{1}{n^2+1}$의 수렴함을 비교판정법을 써서 보여라.

풀이 모든 자연수 n에 대하여 $\frac{1}{n^2+1} < \frac{1}{n^2}$이고 p-급수 $\sum_{n=1}^{\infty} \frac{1}{n^2}$은 $(p=2>1)$ 수렴하므로 정리 1.6 (1)에 의해 급수 $\sum_{n=1}^{\infty} \frac{1}{n^2+1}$는 수렴한다. ◆

예제 1.22 무한급수 $\sum_{n=1}^{\infty} \frac{n}{5n^2-4}$의 수렴성을 조사하라.

풀이 $\frac{n}{5n^2-4} > \frac{n}{5n^2} = \frac{1}{5n} = \frac{1}{5}\left(\frac{1}{n}\right)$이고 조화급수 $\sum_{n=1}^{\infty} \frac{1}{n}$은 발산하므로 $\sum_{n=1}^{\infty} \frac{1}{5}\left(\frac{1}{n}\right)$은 발산한다. 따라서 정리 1.6 (2)에 의해 급수 $\sum_{n=1}^{\infty} \frac{n}{5n^2-4}$은 발산한다. ◆

예제 1.23 무한급수 $\sum_{n=1}^{\infty} \frac{n}{2^n(n+1)}$의 수렴성을 조사하라.

풀이 모든 자연수 n에 대하여 $0 < \frac{n}{2^n(n+1)} < \frac{1}{2^n}$이고 $\sum_{n=1}^{\infty} \frac{1}{2^n}$은 공비 $r=\frac{1}{2}$인 무한등비급수이므로 수렴한다. 따라서 정리 1.6 (2)에 의해 급수 $\sum_{n=1}^{\infty} \frac{n}{2^n(n+1)}$는 수렴한다. ◆

연습문제 1.2

01. 다음 무한급수의 수렴, 발산을 논하고 수렴하면 그 합을 구하라.

(1) $\sum_{n=1}^{\infty} \frac{1}{2n}$　　(2) $\sum_{n=1}^{\infty} \frac{n+1}{2n-3}$

(3) $\sum_{n=1}^{\infty} \frac{n}{n+5}$　　(4) $\sum_{n=1}^{\infty} \frac{(n+1)^2}{n(n+2)}$

(5) $\sum_{n=1}^{\infty} \frac{1+2^n}{3^n}$　　(6) $\sum_{n=1}^{\infty} \frac{1+3^n}{2^n}$

(7) $\sum_{n=1}^{\infty} \sqrt[n]{2}$　　(8) $\sum_{n=1}^{\infty} \left[\left(\frac{4}{5}\right)^{n-1} - \left(\frac{3}{10}\right)^n \right]$

(9) $\sum_{n=1}^{\infty} \arctan n$　　(10) $\sum_{n=1}^{\infty} (\sin 1)^n$

02. 다음 망원급수의 수렴, 발산을 논하고 수렴하면 그 합을 구하라.

(1) $\sum_{n=2}^{\infty} \frac{2}{n^2-1}$　　(2) $\sum_{n=1}^{\infty} \frac{2}{n^2+4n+3}$

(3) $\sum_{n=1}^{\infty} \frac{3}{n(n+3)}$　　(4) $\sum_{n=1}^{\infty} \ln\left(\frac{n}{n+1}\right)$

03. 적분판정법을 사용하여 다음 무한급수의 수렴성을 논하라.

(1) $\sum_{n=4}^{\infty} \frac{1}{(n-3)^2}$　　(2) $\sum_{n=1}^{\infty} \frac{3n}{n^2+8}$

(3) $\sum_{n=1}^{\infty} \frac{\ln n}{n}$　　(4) $\sum_{n=1}^{\infty} \frac{1}{\sqrt[3]{n}}$

(5) $\sum_{n=1}^{\infty} \frac{1}{n\sqrt[4]{n}}$　　(6) $\sum_{n=1}^{\infty} \frac{1}{n\sqrt{n^2-1}}$

(7) $\sum_{n=1}^{\infty} n e^{-n}$

04. 비교판정법을 이용하여 다음 무한급수의 수렴성을 논하라.

(1) $\displaystyle\sum_{n=1}^{\infty} \frac{1}{2^n+1}$　　(2) $\displaystyle\sum_{n=1}^{\infty} \frac{1}{n \cdot 5^n}$

(3) $\displaystyle\sum_{n=1}^{\infty} \frac{5}{2n^2+4n+3}$　　(4) $\displaystyle\sum_{n=1}^{\infty} \frac{7}{4n+6}$

(5) $\displaystyle\sum_{n=1}^{\infty} \frac{\ln n}{n}$　　(6) $\displaystyle\sum_{n=1}^{\infty} \frac{n^2}{n^4+5n+6}$

(7) $\displaystyle\sum_{n=1}^{\infty} \frac{1}{n^3+5}$　　(8) $\displaystyle\sum_{n=1}^{\infty} \frac{3n}{\sqrt[3]{n^7+1}}$

05. 다음 무한급수의 수렴성을 논하라.

(1) $\displaystyle\sum_{n=1}^{\infty} \frac{1}{n \ln n}$　　(2) $\displaystyle\sum_{n=1}^{\infty} \frac{1}{n(\ln n)^2}$

(3) $\displaystyle\sum_{n=1}^{\infty} \frac{\cos^2 n}{n^2+3}$　　(4) $\displaystyle\sum_{n=1}^{\infty} \frac{n!}{(2n)!}$

(5) $\displaystyle\sum_{n=1}^{\infty} \frac{n-1}{n4^n}$　　(6) $\displaystyle\sum_{n=1}^{\infty} \frac{(-1)^n(n+1)}{n}$

(7) $\displaystyle\sum_{n=1}^{\infty} \sin\left(\frac{1}{n}\right)$　　(8) $\displaystyle\sum_{n=1}^{\infty} \frac{2+(-1)^n}{n\sqrt{n}}$

1.3 교대급수와 절대수렴 및 조건부수렴

CALCULUS

정의 1.7 교대급수

모든 자연수 n에 대하여 $a_n > 0$일 때,

$$\sum_{n=1}^{\infty}(-1)^{n+1}a_n = a_1 - a_2 + a_3 - \cdots + (-1)^{n+1}a_n + \cdots$$

또는

$$\sum_{n=1}^{\infty}(-1)^{n}a_n = -a_1 + a_2 - a_3 + \cdots + (-1)^{n}a_n + \cdots$$

와 같은 급수를 **교대급수**(alternating series)라 한다.

정리 1.7 교대급수 판정법(alternating series test)

교대급수 $\sum_{n=1}^{\infty}(-1)^{n+1}a_n$, $(a_n > 0)$는

(1) $a_n > a_{n+1}$ $(n \in N)$이고,

(2) $\lim_{n \to \infty} a_n = 0$

이면 수렴한다.

증명 교대급수 $\sum_{n=1}^{\infty}(-1)^{n+1}a_n$의 짝수개 항의 부분합

$$S_{2m} = a_1 - a_2 + a_3 - \cdots + a_{2m-1} - a_{2m}$$

은 다음과 같이

$$S_{2m} = (a_1 - a_2) + (a_3 - a_4) + \cdots + (a_{2m-1} - a_{2m}) > 0$$

이므로 부분합의 수열 $\{S_{2m}\}$은 증가수열이고

$$S_{2m} = a_1 - (a_2 - a_3) - \cdots - (a_{2m-2} - a_{2m-1}) - a_{2m} \le a_1$$

이므로 $\{S_{2m}\}$은 유계수열이다.

따라서 정리 1.2에 의하여 $\{S_{2m}\}$은 극한값 S로 수렴한다.

한편, $S_{2m+1} = S_{2m} + a_{2m+1}$이고

$$\begin{aligned}\lim_{m\to\infty} S_{2m+1} &= \lim_{m\to\infty} S_{2m} + \lim_{m\to\infty} a_{2m+1} \\ &= S + 0 = S\end{aligned}$$

이므로 주어진 교대급수는 수렴한다. ◆

예제 1.24 교대급수 $\sum_{n=1}^{\infty} \frac{(-1)^{n+1}}{n}$은 수렴함을 보여라.

풀이 교대급수 판정법에 의해 $\frac{1}{n} > \frac{1}{n+1}$ $(n \in N)$이고 $\lim_{n\to\infty} \frac{1}{n} = 0$이므로 이 급수는 수렴한다. ◆

예제 1.25 교대급수 $\sum_{n=1}^{\infty} \frac{(-1)^{n}(n+1)}{n}$은 발산함을 보여라.

풀이

$$\lim_{n\to\infty} \frac{n+1}{n} = 1 \neq 0$$

따라서 정리 1.7의 (2)가 만족되지 못하므로 이 급수는 발산한다. ◆

정의 1.8 절대수렴과 조건부수렴

무한급수 $\sum_{n=1}^{\infty} a_n$은 양항과 음항을 동시에 갖고 있는 급수라 하자.
$\sum_{n=1}^{\infty} |a_n|$이 수렴하면 무한급수 $\sum_{n=1}^{\infty} a_n$은 **절대수렴**(absolutely convergent)한다고 하고 $\sum_{n=1}^{\infty} a_n$이 수렴하지만 절대수렴하지 않으면 **조건부수렴**(conditionally convergent)한다고 한다.

정리 1.8

절대수렴 급수는 수렴한다.

즉, $\sum_{n=1}^{\infty}|a_n|$이 수렴하면 $\sum_{n=1}^{\infty}a_n$은 수렴한다.

증명 $\sum_{n=1}^{\infty}|a_n|$이 수렴한다고 가정하자. $b_n = a_n + |a_n|$이라 두면 모든 자연수 n에 대해 $b_n = 0$이거나 $b_n = 2|a_n|$이므로 $0 \le b_n \le 2|a_n|$이라 쓸 수 있다. $\sum_{n=1}^{\infty}|a_n|$과 $\sum_{n=1}^{\infty}b_n$은 양항급수이고, 가정에 의해 $\sum_{n=1}^{\infty}|a_n|$은 수렴하고 $0 \le b_n \le 2|a_n|$ $(n \in N)$이므로 비교판정법에 의해 $\sum_{n=1}^{\infty}b_n$은 수렴한다. 따라서 $\sum_{n=1}^{\infty}(b_n - |a_n|) = \sum_{n=1}^{\infty}a_n$은 수렴한다. ◆

예제 1.26 교대급수 $\sum_{n=1}^{\infty}\frac{(-1)^{n+1}}{n^2}$은 절대수렴한다.

$\sum_{n=1}^{\infty}\frac{1}{n^2}$이 수렴하므로($p=2$인 p급수) 급수 $\sum_{n=1}^{\infty}\frac{(-1)^{n+1}}{n^2}$은 절대수렴한다.

예제 1.27 교대급수 $\sum_{n=1}^{\infty}\frac{(-1)^{n+1}}{n}$은 수렴하지만(예제 1.24), 그러나 조화급수 $\sum_{n=1}^{\infty}\frac{1}{n} = 1 + \frac{1}{2} + \frac{1}{3} + \frac{1}{4} + \cdots$이 발산하므로(예제 1.18) 급수 $\sum_{n=1}^{\infty}\frac{(-1)^{n+1}}{n}$는 조건부수렴한다.

정리 1.9 비 판정법(ratio test)

무한급수 $\sum_{n=1}^{\infty}a_n$에 대하여

$$\lim_{n\to\infty}\frac{|a_{n+1}|}{|a_n|} = L$$

이라 하면

(1) $L<1$일 때 $\sum_{n=1}^{\infty} a_n$은 절대수렴한다.

(2) $L>1$일 때 $\sum_{n=1}^{\infty} a_n$은 발산한다.

(3) $L=1$일 때 이 판정법으로는 판정할 수 없다.

증명 (1) $L<1$일 때 $L<K<1$인 K를 택할 수 있다. 수열의 극한의 정의에 따라 모든 $n>N$에 대하여 $\left|\frac{a_{n+1}}{a_n}\right|<K$인 $N>0$이 존재한다. 그러므로

$$\begin{aligned}&|a_{N+1}|<|a_N|K\\&|a_{N+2}|<|a_{N+1}|K<|a_N|K^2\\&|a_{N+3}|<|a_{N+2}|K<|a_{N+1}|K^2<|a_N|K^3\\&\qquad\vdots\end{aligned}$$

가 된다. 따라서 등비급수

$$\sum|a_N|K^n=|a_N|K+|a_N|K^2+\cdots+|a_N|K^n+\cdots$$

는 수렴하고 비교판정법에 의해

$$\sum_{n=1}^{\infty}|a_{N+n}|=|a_{N+1}|+|a_{N+2}|+\cdots+|a_{N+n}|+\cdots \tag{1}$$

도 수렴하여 (1)에 유한개 항의 합 $|a_1|+|a_2|+\cdots+|a_n|$을 더한 $\sum_{n=1}^{\infty}|a_n|$도 수렴한다.

(2) $L<1$일 때 이 급수의 항 중에는 $n\ge N$인 모든 n에 대하여 모든 비 $\left|\frac{a_{n+1}}{a_n}\right|>1$인 제 N 항이 반드시 존재한다. 그러므로

$$|a_N|<|a_{N+1}|<\cdots<|a_{N+n}|<\cdots$$

이 되므로 $\lim_{n\to\infty} a_n\neq 0$이 되어 급수 $\sum_{n=1}^{\infty}|a_n|$는 발산한다. ◆

예제 1.28 $\sum_{n=0}^{\infty} \frac{n^2 2^{n+1}}{3^n}$의 수렴성을 논하라.

풀이

$$L = \lim_{n \to \infty} \frac{|a_{n+1}|}{|a_n|} = \lim_{n \to \infty} \left| (n+1)^2 \left(\frac{2^{n+2}}{3^{n+1}} \right) \left(\frac{3^n}{n^2 2^{n+1}} \right) \right|$$

$$= \lim_{n \to \infty} \frac{2(n+1)^2}{3n^2} = \frac{2}{3} < 1$$

이므로 비 판정법에 의해 수렴한다. ◆

예제 1.29 $\sum_{n=1}^{\infty} \frac{(-1)^n n^n}{n!}$의 수렴성을 논하라.

풀이

$$L = \lim_{n \to \infty} \frac{|a_{n+1}|}{|a_n|} = \lim_{n \to \infty} \left| \frac{(n+1)^{n+1}}{n^n} \frac{n!}{(n+1)!} \right|$$

$$= \lim_{n \to \infty} \left(1 + \frac{1}{n} \right)^n = e > 1$$

이므로 비 판정법에 의해 발산한다. ◆

연습문제 1.3

01. 다음 교대급수의 수렴성을 논하라.

(1) $\sum_{n=1}^{\infty} \frac{(-1)^n 3n}{4n-1}$

(2) $\sum_{n=1}^{\infty} \frac{(-1)^n n!}{2^n}$

(3) $\sum_{n=1}^{\infty} \frac{(-1)^n n^3}{n^4+1}$

(4) $\sum_{n=1}^{\infty} \frac{(-1)^n e^n}{n^4}$

(5) $\sum_{n=1}^{\infty} \frac{(-1)^n}{n!}$

(6) $\sum_{n=1}^{\infty} \frac{(-1)^n (1+4^n)}{1+3^n}$

(7) $\sum_{n=1}^{\infty} (-1)^n \sqrt{n}$

(8) $\sum_{n=1}^{\infty} \frac{(-1)^n (2^{n-2}+1)}{2^{n+3}+5}$

(9) $\sum_{n=1}^{\infty} (-1)^n n^{-\frac{3}{2}}$

(10) $\sum_{n=1}^{\infty} (-1)^n \sqrt[n]{\frac{1}{2}}$

02. 비 판정법을 이용하여 다음 급수의 수렴성을 논하라.
교대급수의 경우 수렴하는 급수이면 절대수렴인지, 조건부수렴인지 논하라.

(1) $\sum_{n=0}^{\infty} \frac{(-1)^{n+1} n^3}{3^n}$

(2) $\sum_{n=1}^{\infty} \frac{(-1)^{n+1} 2^n}{n^4}$

(3) $\sum_{n=1}^{\infty} \frac{(-1)^{n+1}}{\sqrt{n}}$

(4) $\sum_{n=1}^{\infty} \frac{(-1)^{n+1} 5^{n-1}}{(n+1)^2 4^{n+2}}$

(5) $\sum_{n=1}^{\infty} \frac{(-3)^{n+1}}{n^3}$

(6) $\sum_{n=0}^{\infty} \frac{\sin 3n}{3^n}$

(7) $\sum_{n=1}^{\infty} \frac{(-1)^n n^2}{10^n}$

(8) $\sum_{n=1}^{\infty} \frac{(-1)^n n}{n^2+1}$

1.4 멱급수와 멱급수의 미분과 적분

CALCULUS

x를 변수, a_0, a_1, $\cdots$, a_n, $\cdots$을 상수라 할 때

$$\sum_{n=0}^{\infty} a_n x^n = a_0 + a_1 x + a_2 x^2 + \cdots + a_n x^n + \cdots \tag{1}$$

인 꼴의 급수를 **멱급수**(power series)라 한다. 멱급수가 수렴하는 x의 모든 값의 집합을 그 멱급수의 **수렴구간**이라 한다. 이 수렴구간은 반드시 0을 포함하여 그 구간은 비 판정법으로 구한다. 수렴구간이 $|x| \le r$, $|x| < r$, $-r < x \le r$, 또는 $-r \le x < r$일 때 r을 그 멱급수의 수렴반경이라 한다.

좀 더 일반적으로

$$\sum_{n=0}^{\infty} a_n (x-b)^n = a_0 + a_1 (x-b) + a_2 (x-b)^2 + \cdots + a_n (x-b)^n + \cdots \tag{2}$$

으로 나타내면 위 멱급수는 $(x-b)$에 관해 전개했다고 하고 수렴구간이 $|x-b| < r$로 주어지는 경우 수렴반경은 r이다.

예제 1.30 $\sum_{n=1}^{\infty} \frac{x^n}{n}$의 수렴구간과 수렴반경을 구하라.

풀이

$$L = \lim_{n \to \infty} \frac{|a_{n+1}|}{|a_n|} = \lim_{n \to \infty} \left| \frac{x^{n+1}}{x^n} \frac{n}{(n+1)} \right| = |x|$$

비 판정법에 의하여 이 급수는 $|x| < 1$일 때 수렴한다. 이때 수렴반경은 1이다. ◆

예제 1.31 $\sum_{n=0}^{\infty} n! x^n = 1 + x + 2x^2 + 6x^3 + \cdots$의 수렴구간을 구하라.

풀이

$$L=\lim_{n\to\infty}\frac{|a_{n+1}|}{|a_n|}=\lim_{n\to\infty}\left|\frac{(n+1)!}{n!}\frac{x^{n+1}}{x^n}\right|$$
$$=\lim_{n\to\infty}(n+1)|x|=\infty\quad(x\neq 0)$$

비 판정법에 의해 이 급수는 발산하므로 $x=0$일 때만 수렴하게 되고 수렴반경은 0이다. ◆

예제 1.32 $\sum_{n=1}^{\infty}\frac{x^n}{n!}$의 수렴구간과 수렴반경을 구하라.

풀이

$$L=\lim_{n\to\infty}\frac{|a_{n+1}|}{|a_n|}=\lim_{n\to\infty}\left|\frac{n!}{(n+1)!}\frac{x^{n+1}}{x^n}\right|=\lim_{n\to\infty}\frac{1}{n+1}|x|=0$$

따라서 이 급수는 모든 x에 대해 수렴하고 즉, 수렴구간은 $-\infty<x<\infty$이고 수렴반경은 ∞이 된다. ◆

예제 1.33 $\sum_{n=1}^{\infty}\frac{(x-3)^n}{n}$의 수렴구간과 수렴반경을 구하라.

풀이

$$L=\lim_{n\to\infty}\frac{|a_{n+1}|}{|a_n|}=\lim_{n\to\infty}\left|\frac{n}{(n+1)}\frac{(x-3)^{n+1}}{(x-3)^n}\right|$$
$$=\lim_{n\to\infty}\frac{1}{\frac{1}{n}+1}|x-3|=|x-3|<1$$

따라서 이 급수는 $|x-3|<1$에 대해 수렴하고 수렴반경은 1이 된다.
수렴구간은 $2\le x<4$이다. ◆

정리 1.10

함수

$$f(x)=\sum_{n=0}^{\infty}a_nx^n=a_0+a_1x+a_2x^2+\cdots+a_nx^n+\cdots$$

는 그 수렴구간 $-r < x < r$ 내의 모든 x에 대해 항별로 미분할 수 있다. 즉,

$$f'(x) = \sum_{n=1}^{\infty} na_n x^{n-1} = a_1 + 2a_2 x + 3a_3 x^2 + \cdots + na_n x^{n-1} + \cdots$$

정리 1.11

$$f(x) = \sum_{n=0}^{\infty} a_n x^n = a_0 + a_1 x + a_2 x^2 + \cdots + a_n x^n + \cdots$$

는 그 수렴구간 $-r < x < r$ 내의 모든 x에 대해 항별로 적분할 수 있다. 즉,

$$\int f(x)dx = \sum_{n=0}^{\infty} \frac{a_n}{n+1} x^{n+1}$$

다시 말하면,

$$\begin{aligned}
\int f(x)dx &= \sum_{n=0}^{\infty} \int a_n x^n \, dx \\
&= \int (a_0 + a_1 x + a_2 x^2 + \cdots + a_n x^n + \cdots) dx \\
&= a_0 x + \frac{a_1}{2} x^2 + \frac{a_2}{3} x^3 + \cdots + \frac{a_n}{n+1} x^{n+1} + \cdots \\
&= \sum_{n=0}^{\infty} \frac{a_n}{n+1} x^{n+1}
\end{aligned}$$

예제 1.34 함수

$$f(x) = \sum_{n=1}^{\infty} \frac{x^n}{n!} = 1 + x + \frac{x^2}{2!} + \frac{x^3}{3!} + \cdots$$

을 항별로 미분하면

$$f'(x) = \sum_{n=1}^{\infty} \frac{nx^{n-1}}{n!} = 1 + x + \frac{x^2}{2!} + \frac{x^3}{3!} + \cdots = f(x)$$

예제 1.35 함수

$$f(x) = \sum_{n=1}^{\infty} \frac{x^n}{n} = x + \frac{x^2}{2} + \frac{x^3}{3} + \cdots \qquad (-1 \le x < 1)$$

을 항별로 미분과 적분을 하면

$$f'(x) = \sum_{n=1}^{\infty} x^n = 1 + x + x^2 + x^3 + \cdots \qquad (-1 < x < 1)$$

와

$$\begin{aligned}\int f(x)dx &= \sum_{n=1}^{\infty} \int \frac{x^n}{n} dx = \int \left(x + \frac{x^2}{2} + \frac{x^3}{3} + \cdots \right) dx \\ &= C + \frac{x^2}{2} + \frac{x^3}{2 \cdot 3} + \frac{x^4}{3 \cdot 4} + \cdots + \qquad (-1 \le x < 1)\end{aligned}$$

을 얻을 수 있다.

예제 1.36 예제 1.13의 기하급수에서 $a=1$, $r=x$인 경우를 보면

$$\frac{1}{1-x} = 1 + x + x^2 + \cdots + x^n + \cdots \qquad |x| < 1 \tag{1}$$

이 됨을 알 수 있다

또한 식 (1)에 x 대신 $-x$을 대입하면

$$\frac{1}{1+x} = 1 - x + x^2 - \cdots + (-1)^n x^n + \cdots, \qquad |x| < 1 \tag{2}$$

또한 식 (2)를 항별로 적분하여

$$\ln(1+x) = x - \frac{1}{2}x^2 + \frac{1}{3}x^3 - \cdots, \qquad (-1 < x \le 1) \tag{3}$$

참고 식 (3)에 $x=1$을 대입하면

$$\ln 2 = 1 - \frac{1}{2} + \frac{1}{3} - \frac{1}{4} + \cdots$$

이 됨을 알 수 있다.

식 (3)의 x 대신 $-x$을 대입하면

$$\ln(1-x) = -x - \frac{1}{2}x^2 - \frac{1}{3}x^3 - \cdots, \qquad (-1 \le x < 1) \tag{4}$$

이므로

$$\ln\frac{1+x}{1-x} = 2x + \frac{2}{3}x^3 + \frac{2}{5}x^5 + \cdots, \qquad (-1 < x < 1) \tag{5}$$

또한 식 (1)에 x 대신 $2x$를 대입하면

$$\frac{1}{1-2x} = 1 + 2x + (2x)^2 + \cdots + (2x)^n + \cdots, \qquad |2x| < 1 \tag{6}$$

또한 식 (1)에 x 대신 $-x^2$을 대입하면

$$\frac{1}{1+x^2} = 1 - x^2 + x^4 - x^6 + \cdots + (-1)^n x^{2n} + \cdots, \qquad |x| < 1 \tag{7}$$

식 (4)를 항별로 적분하면

$$\arctan x = x - \frac{x^3}{3} + \frac{x^5}{5} - \frac{x^7}{7} + \cdots, \qquad (-1 < x \le 1) \tag{8}$$

또한 식 (1)을 항별로 미분하여

$$\frac{1}{(1-x)^2} = 1 + 2x + 3x^2 + 4x^3 + \cdots, \qquad |x| < 1 \tag{9}$$

를 구할 수 있다.

연습문제 1.4

01. 다음 급수의 수렴반경 r과 수렴구간을 구하라.

(1) $\displaystyle\sum_{n=0}^{\infty}\frac{(-3)^n x^n}{\sqrt{n+1}}$

(2) $\displaystyle\sum_{n=0}^{\infty}\frac{(-2)^n (x+3)^n}{\sqrt{n}}$

(3) $\displaystyle\sum_{n=0}^{\infty}\frac{n(x+2)^n}{3^{n+1}}$

(4) $\displaystyle\sum_{n=0}^{\infty}\frac{n(x-4)^n}{n^3+1}$

(5) $\displaystyle\sum_{n=1}^{\infty} n!(2x-1)^n$

(6) $\displaystyle\sum_{n=1}^{\infty} \sqrt{n}\, x^n$

(7) $\displaystyle\sum_{n=2}^{\infty}\frac{(-1)^n x^n}{4^n \ln n}$

(8) $\displaystyle\sum_{n=0}^{\infty}\frac{(-1)^n x^{2n}}{(2n)!}$

02. 다음 함수를 멱급수 전개하고 수렴반경을 구하라.

(1) $\dfrac{1}{2+x}$

(2) $\dfrac{x^3}{2+x}$

(3) $\dfrac{1}{1+x^7}$

(4) $\displaystyle\int \frac{1}{1+x^3}dx$

(5) $\dfrac{1}{x-5}$

(6) $\dfrac{d}{dx}\left(\dfrac{1}{x-5}\right)$

(7) $\ln(3+x)$

(8) $\arctan(2x)$

(9) $\ln\left(\dfrac{1+x}{1-x}\right)$

(10) $\displaystyle\int \frac{\ln(1-t)}{t}dt$

1.5 맥클로린 급수와 테일러 급수

CALCULUS

일반적으로 어떤 함수 $f(x)$가 구간 $(-r, r)$ 다음과 같은 형의 멱급수로 표시된다고 하자.

$$f(x) = a_0 + a_1 x + a_2 x^2 + \cdots + a_n x^n + \cdots \tag{1}$$

여기서 $a_0, a_1, \cdots, a_n, \cdots, (n=0, 1, 2, \cdots)$는 결정해야 할 상수이다.

(1)에 $x=0$을 대입하면 $a_0 = f(0)$임을 알 수 있고 (1)을 계속하여 미분하면

$$f'(x) = a_1 + 2a_2 x + 3a_3 x^2 + \cdots + na_n x^{n-1} + \cdots$$

$$f''(x) = 2a_2 + 3!\,a_3 x + \cdots + n(n-1)a_n x^{n-2} + \cdots$$

$$f'''(x) = 3!\,a_3 + 4!x + \cdots + n(n-1)(n-2)a_n x^{n-3} + \cdots$$

$$\vdots$$

위에 $x=0$을 대입하면

$$f'(0) = a_1 \quad \text{또는} \quad a_1 = f'(0)$$

$$f''(0) = 2!a_2 \quad \text{또는} \quad a_2 = \frac{f''(0)}{2!}$$

$$f'''(0) = 3!a_3 \quad \text{또는} \quad a_3 = \frac{f'''(0)}{3!}$$

$$\vdots$$

$$f^{(n)}(0) = n!a_n \quad \text{또는} \quad a_n = \frac{f^{(n)}(0)}{n!}$$

$$\vdots$$

을 얻는다. 따라서 (1)은

$$f(x) = f(0) + f'(0)x + \frac{f''(0)}{2!}x^2 + \cdots + \frac{f^{(n)}(0)}{n!}x^n + \cdots \tag{2}$$

이 된다. 이 급수 (2)를 **맥클로린 급수**(Maclaurin series)라 한다.

(2)와 같은 전개식을 얻기 위해서는 $f(x)$와 $f(x)$의 모든 계수의 도함수가 $x=0$에서 존재해야 함에 유의하자. 따라서 $\ln x$, $\cot x$, $1/x$, $\cdots$과 같은 함수는 맥클로린 급수를 가지지 못한다.

예제 1.37 $f(x)=e^x$에 관한 맥클로린 급수를 구하라.

풀이 모든 n에 대하여 $f^{(n)}(x)=e^x$이므로, 모든 n에 대하여 $f^{(n)}(0)=1$이다. 따라서 (2)로부터

$$e^x = 1 + x + \frac{x^2}{2!} + \frac{x^3}{3!} + \cdots \tag{3}$$

이다. 또한 예제 1.32에 의해 이 급수는 x의 모든 값에 대해 수렴함을 알 수 있다. ◆

예제 1.38 식 (3)에 x 대신 $-x$를 대입하면

$$e^{-x} = 1 - x + \frac{x^2}{2!} - \frac{x^3}{3!} + \cdots \qquad -\infty < x < \infty \tag{4}$$

이므로, (3), (4)번 식을 이용하여

$$\cosh x = \frac{e^x + e^{-x}}{2} = 1 + \frac{x^2}{2!} + \frac{x^4}{4!} + \frac{x^6}{6!} + \cdots \tag{5}$$

$$\sinh x = \frac{e^x - e^{-x}}{2} = 1 + \frac{x^3}{3!} + \frac{x^5}{5!} + \frac{x^7}{7!} + \cdots \tag{6}$$

식 (3)의 x 대신 $-x^2$을 대입하면

$$e^{-x^2} = 1 - x^2 + \frac{x^4}{2!} - \frac{x^6}{3!} + \cdots \qquad -\infty < x < \infty \tag{7}$$

이제 식 (7)을 적분하여

$$\int_0^x e^{-t^2}\,dt = x - \frac{x^3}{3} + \frac{x^5}{5 \cdot 2!} - \frac{x^7}{7 \cdot 3!} + \cdots \qquad -\infty < x < \infty \tag{8}$$

예제 1.39 $f(x)=\cos x$의 맥클로린 급수를 구하라.

풀이

$$
\begin{array}{ll}
f(x)=\cos x & f(0)=1 \\
f'(x)=-\sin x & f'(0)=0 \\
f''(x)=-\cos x & f''(0)=-1 \\
f'''(x)=\sin x & f'''(0)=0 \\
\vdots & \vdots
\end{array}
$$

$x=0$에서 $\cos x$의 모든 계수의 미분계수는 1, 0, -1, 0의 차례로 반복하므로 이 값을 (2)에 대입하면

$$\cos x = 1-\frac{1}{2!}x^2+\frac{1}{4!}x^4-\cdots \tag{9}$$

비 판정법에 의해 $L=0$이므로 이 급수는 $-\infty < x < \infty$에서 수렴한다. ◆

예제 1.40 식 (9)를 항별로 미분하여

$$\sin x = x-\frac{1}{3!}x^3+\frac{1}{5!}x^5-\cdots \quad (-1,\ 1) \tag{10}$$

예제 1.41 임의의 실수 k에 대하여 $(1+x)^k$의 맥클로린 급수를 구하라.

풀이

$$
\begin{array}{ll}
f(x)=(1+x)^k & f(0)=1 \\
f'(x)=k(1+x)^{k-1} & f'(0)=k \\
f''(x)=k(k-1)(1+x)^{k-1} & f''(0)=k(k-1) \\
f'''(x)=k(k-1)(k-2)(1+x)^{k-2} & f'''(0)=k(k-1)(k-2) \\
\vdots & \vdots \\
f^{(n)}(x) & f^{(n)}(0)=k(k-1)\cdots(k-n+1) \\
\quad =k(k-1)\cdots(k-n+1)(1+x)^{k-n} &
\end{array}
$$

따라서 $f(x)=(1+x)^k$의 맥클로린 급수는

$$f(x)=\sum_{n=0}^{\infty}\frac{f^n(0)x^n}{n!}$$

$$= 1 + kx + k(k-1)\frac{x^2}{2!} + k(k-1)(k-2)\frac{x^3}{3!} + \cdots$$

$$= \sum_{n=0}^{\infty} \frac{k(k-1)\cdots(k-n+1)}{n!} x^n$$ ◆

비 판정법에 의해

$$L = \lim_{n \to \infty} \frac{|a_{n+1}|}{|a_n|}$$

$$= \left| \frac{k(k-1)\cdots(k-n+1)(k-n)x^{n+1}}{(n+1)!} \cdot \frac{n!}{k(k-1)\cdots(k-n+1)x^n} \right|$$

$$= \lim_{n\to\infty} \left| \frac{k-n}{n+1} x \right| = |x| < 1$$

이 급수는 $|x| < 1$에서 수렴하고 수렴반경은 1이다.

이를 **이항급수**라 한다.

$$(1+x)^k = 1 + kx + \frac{k(k-1)}{2!}x^2 + \cdots$$

$$+ \frac{k(k-1)\cdots(k-n+1)}{n!}x^n + \cdots \qquad |x| < 1 \tag{11}$$

이때 $\binom{k}{n} = \dfrac{k(k-1)\cdots(k-n+1)}{n!^n}$을 **이항계수**라 한다.

예제 1.42 $f(x) = \dfrac{1}{\sqrt{4-x}}$의 맥클로린 급수와 수렴반경을 구하라.

풀이 $f(x) = \dfrac{1}{\sqrt{4-x}} = \dfrac{1}{\sqrt{4\left(1-\dfrac{x}{4}\right)}} = \dfrac{1}{2\sqrt{1-\dfrac{x}{4}}} = \dfrac{1}{2}\left(1-\dfrac{x}{4}\right)^{-\frac{1}{2}}$

이므로

(11)번 식에서 $k = -\dfrac{1}{2}$, x 대신 $-\dfrac{x}{4}$을 대입하면,

$$\frac{1}{\sqrt{4-x}} = \frac{1}{2}\sum_{n=0}^{\infty}\binom{-\frac{1}{2}}{n}\left(-\frac{x}{4}\right)^n$$

$$= \frac{1}{2}\left[1+\left(-\frac{1}{2}\right)\left(-\frac{\pi}{4}\right)+\frac{\left(-\frac{1}{2}\right)\left(-\frac{3}{2}\right)}{2!}\left(-\frac{\pi}{4}\right)^2 + \frac{\left(-\frac{1}{2}\right)\left(-\frac{3}{2}\right)\left(-\frac{5}{2}\right)}{3!}\left(-\frac{\pi}{4}\right)^3 + \cdots\right]$$

$\left|\frac{x}{4}\right| < 1$, 즉 $|x| < 4$일 때 수렴하므로 수렴반경은 4이다. ◆

앞에서 말한 바와 같이 $\log x$와 같은 함수는 맥클로린 급수로 전개되지 않는다. 그러나 예제 1.35의 (3)번에서 함수 $f(x) = \ln(1+x)$의 전개식

$$\ln(1+x) = x - \frac{1}{2}x^2 + \frac{1}{3}x^3 - \cdots \qquad (-1 < x \le 1)$$

을 이용하여 $1+x = z$로 치환하면

$$\ln z = (z-1) - \frac{1}{2}(z-1)^2 + \frac{1}{3}(z-1)^3 - \cdots \qquad (0 < z \le 2)$$

으로 표시할 수 있다.

일반적으로 어떤 함수 $f(x)$가 구간 $|x-b| < r$에서 다음과 같은 형의 멱급수로 표시된다고 하자.

$$f(x) = a_0 + a_1(x-b) + a_2(x-b)^2 + \cdots + a_n(x-b)^n + \cdots \tag{1}$$

여기서 $a_0, a_1, \cdots, a_n, \cdots, (n = 0, 1, 2, \cdots)$는 결정하여야 할 상수이다.

(1)에 $x = b$를 대입하면 $a_0 = f(b)$임을 알 수 있고 (1)을 계속하여 미분하면

$$f'(x) = a_1 + 2a_2(x-b) + 3a_3(x-b)^2 + \cdots + na_n(x-b)^{n-1} + \cdots$$

$$f''(x) = 2a_2 + 3!\,a_3(x-b) + \cdots + n(n-1)a_n(x-b)^{n-2} + \cdots$$

$$f'''(x) = 3!\,a_3 + 4!(x-b) + \cdots + n(n-1)(n-2)a_n(x-b)^{n-3} + \cdots$$
$$\vdots$$

위에 $x = b$를 대입하면

$$\begin{aligned}
f'(b) &= a_1 & \text{또는} \quad & a_1 = f'(b) \\
f''(b) &= 2!a_2 & \text{또는} \quad & a_2 = \frac{f''(b)}{2!} \\
f'''(b) &= 3!a_3 & \text{또는} \quad & a_3 = \frac{f'''(b)}{3!} \\
&\vdots & & \\
f^{(n)}(b) &= n!a_n & & a_n = \frac{f^{(n)}(b)}{n!}
\end{aligned}$$

를 얻는다. 따라서

$$f(x) = f(b) + f'(b)(x-b) + \frac{f''(b)}{2!}(x-b)^2 + \cdots + \frac{f^{(n)}(b)}{n!}(x-b)^n + \cdots \tag{2}$$

로 주어지는데 이를 **테일러 급수**라 한다.

예제 1.43 $f(x) = \sin x$를 $x = \frac{\pi}{4}$에서 테일러 급수 전개하라.

풀이

$$\begin{aligned}
f(x) &= \sin x & f\left(\frac{\pi}{4}\right) &= \frac{1}{\sqrt{2}} \\
f'(x) &= \cos x & f'\left(\frac{\pi}{4}\right) &= \frac{1}{\sqrt{2}} \\
f''(x) &= -\sin x & f''\left(\frac{\pi}{4}\right) &= -\frac{1}{\sqrt{2}} \\
f'''(x) &= -\cos x & f'''\left(\frac{\pi}{4}\right) &= -\frac{1}{\sqrt{2}}
\end{aligned}$$
$$\vdots$$

이 값을 (2)에 대입하면

$$\sin x = \frac{1}{\sqrt{2}}\left(1 + \left(x - \frac{\pi}{4}\right) - \frac{1}{2!}\left(x - \frac{\pi}{4}\right)^2 - \frac{1}{3!}\left(x - \frac{\pi}{4}\right)^3 + \cdots\right) \qquad (3)$$

비 판정법을 쓰면 이 급수는 모든 실수 x 값에 대해 수렴함을 알 수 있다. 급수 (3)은 $x = \frac{\pi}{4}$에 가까운 $\sin x$의 값을 계산하는 데 이용된다. 예컨대 $x = 46^\circ = \frac{46\pi}{180} rad$로 두면

$$x - \frac{\pi}{4} = \frac{\pi}{180} = 0.01745$$

$$\left(x - \frac{\pi}{4}\right)^2 = 0.00030$$

$$\left(x - \frac{\pi}{4}\right)^3 = 0.0001$$

이 되고 이 값들을 (3)에 대입하면

$$\sin \frac{46\pi}{180} = 0.070711(1 + 0.01745 - 0.00015 - \cdots) = 0.7193$$ ◆

연습문제 1.5

01. 다음 함수의 맥클로린 급수를 구하고 수렴구간을 정하라.

(1) $\dfrac{d}{dx}x\cos x$　　(2) $e^{-\frac{x}{2}}$

(3) $\sin x$　　(4) $\cos(x^2)$

(5) $\sqrt{1+x}$　　(6) $\int\sqrt{1+x^3}$

(7) $\sin^2 x$　　(8) $\int\dfrac{\sin x}{x}dx$

02. 다음 함수를 주어진 점 a에서 테일러 급수를 구하고 수렴구간을 결정하라.

(1) $e^x,\ a=2$　　(2) $\cosh x,\ a=\dfrac{\pi}{3}$

(3) $\dfrac{1}{\sqrt{x}},\ a=9$　　(4) $\dfrac{1}{x^2},\ a=1$

1.6 테일러 공식과 멱급수를 이용한 근삿값 계산 CALCULUS

급수 $\frac{1}{1-x} = 1 + x + x^2 + \cdots + x^n + \cdots,\ |x| < 1$을

$$\frac{1}{1-x} = 1 + x + x^2 + \ldots + x^n + R_{n+1}(x),\ \ |x| < 1$$

와 같이 나타내면, 여기서

$$R_{n+1}(x) = x^{n+1} + x^{n+2} + \cdots = \frac{x^{n+1}}{1-x}$$

로 쓸 수 있고 이때 $T_n(x) = 1 + x + x^2 + \cdots + x^n$으로 두면 이는 $\frac{1}{1-x}$의 테일러 급수의 근삿값이 되고 R_n은 오차가 된다.

이때 $\lim_{n \to \infty} R_{n+1}(x) = 0$임을 알 수 있다.

이와 같이 테일러 급수

$$f(x) = f(b) + f'(b)(x-b) + \frac{f''(b)}{2!}(x-b)^2 + \cdots + \frac{f^{(n)}(b)}{n!}(x-b)^n + \cdots,\ \ |x-b| < r \quad (1)$$

의 부분합을

$$T_n(x) = f(b) + f'(b)(x-b) + \frac{f''(b)}{2!}(x-b)^2 + \cdots + \frac{f^{(n)}(b)}{n!}(x-b)^n,\ \ |x-b| < r \quad (2)$$

라 두면

$$f(x) = \lim_{n \to \infty} T_n(x)$$

이고 $f(x)$는

$$f(x) = T_n(x) + R_{n+1}(x)$$

라 놓으면, 이때 $T_n(x)$를 **b에서 f의 n차 테일러 다항식**, $R_{n+1}(x)$를 **나머지 식**이라 한다.

정리 1.12

$T_n(x)$를 b에서 f의 n차 테일러 다항식일 때, $|x-b| < r$에 대하여

$$f(x) = T_n(x) + R_n(x) \text{이고 } \lim_{n \to \infty} R_n(x) = 0$$

이면, f는 구간 $|x-b| < r$에서 테일러 급수와 같다.

정리 1.13 테일러 공식

함수 f가 b를 포함하는 구간 I에서 $(n+1)$ 계의 도함수가 존재하고 연속이면 모든 $x \in I$에 대하여

$$f(x) = f(b) + f'(b)(x-b) + \frac{f''(b)}{2!}(x-b)^2 + \cdots + \frac{f^{(n)}(b)}{n!}(x-b)^n + R_n(x) \quad (1)$$

이고

$$R_n(x) = \frac{f^{n+1}(\xi)}{(n+1)!}(x-b)^{n+1}$$

을 만족하는 ξ가 x와 b 사이에 존재한다.

이때, $R_n(x)$를 **라그랑주의 나머지 식**이라 한다.

참고 정리 1.13에서, $n=0$일 때 테일러 공식은 모든 $x \in I$에 대하여 어떤 ξ가 x와 b 사이에 존재하여

$$f(x) = f(b) + f'(\xi)(x-b)$$

또는

$$f'(\xi) = \frac{f(x)-f(b)}{x-b}$$

가 되는데 이는 평균치 정리가 된다.

따름정리 1

(1)에서 $x-b$를 z로 바꾸면

$$f(b+z) = f(b) + zf'(b) + \frac{z^2}{2!}f''(b) + \cdots + \frac{z^n}{n!}f^{(n)}(b) + R_n(z) \qquad (2)$$

여기서 $R_n(z) = \dfrac{z^{n+1}}{(n+1)!}f^{(n+1)}(b+\theta z),\ 0 < \theta < 1$

따름정리 2

따름정리 1에서 $b=0$이라 놓으면

$$f(z) = f(0) + zf'(0) + \frac{z^2}{2!}f''(0) + \cdots + \frac{z^n}{n!}f^{(n)}(0) + \frac{z^{n+1}}{(n+1)!}f^{(n+1)}(\xi)$$

(ξ는 0와 z 사이에 놓인다.)

이 결과를 **맥클로린의 공식**이라 한다.

예제 1.44 e^x에 관한 맥클로린 급수의 제 6 항까지를 이용하여 $\sqrt{e}$의 값을 구하고 그 정확성을 평가하라.

풀이 e^x의 맥클로린 전개식에서 제 6 항까지 택하고 $x = \dfrac{1}{2}$이라 두면

$$e^{\frac{1}{2}} = 1 + \frac{1}{2} + \frac{\left(\frac{1}{2}\right)^2}{2!} + \cdots + \frac{\left(\frac{1}{2}\right)^5}{5!} + R_5$$

$$= 1.648698 + R_5$$

여기서 $x-b=\dfrac{1}{2}$이고 $f^{(6)}(x)=e^{x}$이므로 $R_5=\dfrac{\left(\dfrac{1}{2}\right)^6}{6!}e^{\xi}$이고 $0<\xi<\dfrac{1}{2}$

이므로 $e^{\xi}<e^{\frac{1}{2}}<4^{\frac{1}{2}}=2$가 되어

$$R_5=\frac{\left(\frac{1}{2}\right)^6}{6!}e^{\xi}<\frac{\left(\frac{1}{2}\right)^6}{6!}\cdot 2=0.000043\cdots$$

따라서 위에서 구한 $\sqrt{e}$의 값은 소수점 아래 넷째 자리까지 정확한 것으로 1.6487이다.

멱급수

$$f(x)=\sum_{n=0}^{\infty}a_nx^n=a_0+a_1x+a_2x^2+\cdots+a_nx^n+\cdots$$

의 부분합

$$P_n(x)=a_0+a_1x+a_2x^2+\ldots+a_nx^n$$

은 $f(x)$의 근삿값(approximate value)으로 볼 수 있는데, 이때 제$(n+1)$번째 이후의 항들의 합을 $E_n(x)$이라 하면

$$f(x)=\sum_{n=0}^{\infty}a_nx^n=a_0+a_1x+a_2x^2+\cdots+a_nx^n+E_n(x)$$

으로 나타낼 수 있고 이때 $E_n(x)$은 오차(error)라 볼 수 있다.

교대급수 판정법을 이용하여 오차를 계산해보면 오차 $E_n(x)$는 $E_n(x)$의 첫 번째 항의 절댓값보다 작다. 즉 $E_n(x)<\left|a_{n+1}x^{n+1}\right|$

예제 1.45 $\ln\dfrac{3}{2}$의 값을 오차 ≤ 0.01 범위에서 구하라.

풀이 예제 1.35의 (4)번 식으로부터

$$\ln(1-x) = -x - \frac{1}{2}x^2 - \frac{1}{3}x^3 - \cdots \qquad (-1 \le x < 1) \tag{4}$$

$x = -\dfrac{1}{2}$이라 놓으면

$$\ln\frac{3}{2} = \frac{1}{2} - \frac{1}{2 \cdot 4} + \frac{1}{3 \cdot 8} - \frac{1}{4 \cdot 16} + \cdots$$

을 얻게 되고, 이는 교대급수이고 5번째 항은

$$\frac{1}{5 \cdot 32} = \frac{1}{160} \sim 0.006 < 0.01$$

이 되므로 교대급수 판정법으로부터

$$\ln\frac{3}{2} \approx \frac{1}{2} - \frac{1}{2 \cdot 4} + \frac{1}{3 \cdot 8} - \frac{1}{4 \cdot 16} \approx 0.401$$

을 얻게 되고 오차 $E_4 < 0.006$.

한편 참값 $\log\dfrac{3}{2} \approx 0.405$. ◆

예제 1.46 $\arctan\dfrac{1}{2}$의 근삿값을 오차≤ 0.001의 범위에서 구하라.

풀이 예제 1.35의 (8)번 식으로부터

$$\arctan x = x - \frac{x^3}{3} + \frac{x^5}{5} - \frac{x^7}{7} \cdots \qquad (-1 < x \le 1)$$

에서 $x = -\dfrac{1}{2}$이라 놓으면

$$\arctan\frac{1}{2} = \frac{1}{2} - \frac{1}{3 \cdot 8} + \frac{1}{5 \cdot 32} - \frac{1}{7 \cdot 128} + \cdots$$

이 급수는 교대급수이고 5번째 항은 $\dfrac{1}{9 \cdot 512} \approx 0.0002 \le 0.001$이므로

$$\arctan\frac{1}{2} = \frac{1}{2} - \frac{1}{3 \cdot 8} + \frac{1}{5 \cdot 32} - \frac{1}{7 \cdot 128} \approx 0.4635$$

오차 $E_4 < 0.0002$ ◆

예제 1.47 π의 근삿값을 구하라.

풀이 멱급수

$$\arctan x = x - \frac{x^3}{3} + \frac{x^5}{5} - \frac{x^7}{7} \cdots \qquad (-1 < x \le 1)$$

과 $\tan\frac{\pi}{6} = \frac{1}{\sqrt{3}}$, 즉 $\arctan\frac{1}{\sqrt{3}} = \frac{\pi}{6}$이므로 $x = \frac{1}{\sqrt{3}}$이라 놓으면

$$\frac{\pi}{6} = \frac{1}{\sqrt{3}} - \frac{1}{3}\left(\frac{1}{\sqrt{3}}\right)^3 + \frac{1}{5}\left(\frac{1}{\sqrt{3}}\right)^5 - \cdots$$

$$\frac{\sqrt{3}}{6}\pi = 1 - \frac{1}{3}\left(\frac{1}{3}\right) + \frac{1}{5}\left(\frac{1}{3}\right)^2 - \frac{1}{7}\left(\frac{1}{3}\right)^3 + \cdots$$

이므로 $\frac{\sqrt{3}}{6}\pi \sim 1 - \frac{1}{9} + \frac{1}{45} - \frac{1}{189} + \frac{1}{719}$을 근삿값으로 택하면

$$\text{오차} < \frac{1}{11}\left(\frac{1}{3}\right)^5 = \frac{1}{2673} \approx 0.00037$$

이고 위 식의 모든 항을 $\frac{\sqrt{3}}{6}$으로 나누면

$$\pi \sim 3.1426,\ \text{오차} \le 0.0013.$$

예제 1.35의 (1)번 식의 무한등비급수

$$\frac{1}{1-x} = 1 + x + x^2 + \cdots + x^n + \cdots, \qquad |x| < 1 \tag{1}$$

를

$$\frac{1}{1-x} = 1 + x + x^2 + \cdots + x^n + E_n(x), \qquad |x| < 1 \tag{2}$$

으로 나타내면

$$E_n(x) = x^{n+1} + x^{n+2} + \cdots = \frac{x^{n+1}}{1-x}, \quad |x| < 1$$

임을 알 수 있다. ◆

예제 1.48 $\dfrac{1}{1-0.02}$의 근삿값을 소수점 아래 여섯째 자리까지 구하라.

풀이 (2)번 식에 $x=0.02$, $n=3$를 택하면

$$\begin{aligned}\frac{1}{1-0.02} &= 1+0.02+(0.02)^2+(0.02)^3+E_3\\ &= 1+0.02+0.0004+0.000008+E_3\\ &= 1.020408+E_3\end{aligned}$$

오차 $$E_3=\frac{(0.02)^4}{1-0.02}=\frac{0.00000016}{0.98}<\frac{0.00000016}{0.8}<0.00000020$$

따라서 $\dfrac{1}{1-0.02}\sim 1.020408$ ◆

예제 1.49 $\displaystyle\int_0^1 e^{-t^2}dt$의 근삿값을 오차 <0.01 범위에서 구하라.

풀이 예제 1.33의 (8)번 식에서

$$\int_0^x e^{-t^2}dt = x-\frac{x^3}{3}+\frac{x^5}{5\cdot 2!}-\frac{x^7}{7\cdot 3!}+\cdots \qquad -\infty<x<\infty$$

이므로 이 식에 $x=1$을 대입하여 처음 4개 항의 합을 근삿값으로 택하면

$$\int_0^1 e^{-t^2}dt \approx 1-\frac{1}{3}+\frac{1}{10}-\frac{1}{42}\approx 0.74$$

이는 교대급수이므로

$$\text{오차}<\frac{1}{9\cdot 4!}=\frac{1}{216}\approx 0.005<0.01$$ ◆

연습문제 1.6

01. 다음 각 수의 근삿값을 지시한 대로 구하고 그 결과의 정확성을 평가하라.

(1) $\sin 0.1$; $\sin x$의 맥클로린 급수의 제 2 항까지

(2) $\sqrt[3]{e}$; e^x의 맥클로린 급수의 제 2 항까지

(3) $\arcsin 0.4$; $\arcsin$의 맥클로린 급수의 제 2 항까지

(4) $\cos 47°$; $\cos x$의 테일러 급수의 제 2 항까지

02. e의 값을 소수점 아래 넷째 자리까지 정확하게 구하려면 e^x에 관한 맥클로린 급수의 몇 항까지 사용해야 하는가?

03. 멱급수를 이용하여 다음 수의 근삿값을 구하라.

(1) $\arctan \frac{1}{4}$, 오차 ≤ 0.001 (2) $\ln(1.2)$, 오차 $\leq 10^{-2}$

(3) $\int_0^{\frac{1}{2}} \frac{\arctan x^2}{x} dx$, 오차 ≤ 0.001 (4) $\frac{1}{1-0.003}$, 오차 $\leq 10^{-4}$

(5) $\int_0^1 \frac{\sin x}{x} dx$, 오차 $\leq 10^{-4}$ (6) $e^{-\frac{1}{4}}$, 오차 $\leq 10^{-5}$

1장 종합문제

01. 다음 수열의 수렴성을 논하고 수렴하면 극한값을 구하라.

(1) $\left\{\dfrac{n!}{n^3}\right\}$ (2) $\left\{\sqrt{n^2+n}-n\right\}$

(3) $\{2^n-n^2\}$ (4) $\left\{\dfrac{n!+2}{(n+1)!+1}\right\}$

(5) $\left\{(n!)^{\frac{1}{n}}\right\}$ (6) $\{\sqrt[n]{n}\}$

02. 다음 무한급수의 수렴성을 논하라.

(1) $\displaystyle\sum_{n=0}^{\infty}\frac{n}{n^2+2}$ (2) $\displaystyle\sum_{n=1}^{\infty}\frac{1}{\sqrt{n(n+1)}}$

(3) $\displaystyle\sum_{n=1}^{\infty}\frac{1}{n\sqrt{n}}$ (4) $\displaystyle\sum_{n=0}^{\infty}\frac{1}{\sqrt{n^3+4}}$

(5) $\displaystyle\sum_{n=1}^{\infty}\frac{1}{n^2-n}$ (6) $\displaystyle\sum_{n=1}^{\infty}\frac{\sqrt[n]{n}}{n^2}$

(7) $\displaystyle\sum_{n=1}^{\infty}\frac{1}{\ln(n^2+1)}$ (8) $\displaystyle\sum_{n=0}^{\infty}\left(\frac{\pi}{2}-\arctan n\right)$

03. 다음 교대급수의 수렴성을 논하고 수렴하면 절대수렴인지 조건부수렴인지를 밝혀라.

(1) $\displaystyle\sum_{n=1}^{\infty}\frac{(-1)^{n+1}}{\sqrt{n}}$ (2) $\displaystyle\sum_{n=1}^{\infty}(-1)^n\frac{1}{n^{1/3}}$

(3) $\displaystyle\sum_{n=0}^{\infty}\frac{(-1)^{n+1}2^n}{n!}$ (4) $\displaystyle\sum_{n=2}^{\infty}\frac{(-1)^n}{\sqrt[n]{n}}$

(5) $\displaystyle\sum_{n=1}^{\infty}(-1)^{n+1}\left(1-\frac{1}{n}\right)$ (6) $\displaystyle\sum_{n=0}^{\infty}(-1)^n\frac{2^n+1}{3^n-2}$

04. 다음 멱급수의 수렴구간을 정하라.

(1) $\sum_{n=0}^{\infty} n3^n x^n$

(2) $\sum_{n=1}^{\infty} \frac{x^n}{n^2}$

(3) $\sum_{n=1}^{\infty} \frac{x^n}{6\sqrt{n}}$

(4) $\sum_{n=1}^{\infty} \frac{(-1)^n x^n}{3^n n^2}$

(5) $\sum_{n=0}^{\infty} \frac{(x+8)^n}{2^n}$

(6) $\sum_{n=0}^{\infty} (3^n + 4^n) x^n$

(7) $\sum_{n=0}^{\infty} 3^n x^{2n}$

(8) $\sum_{n=1}^{\infty} \frac{e^n (x-4)^{2n}}{n^2}$

05. 주어진 함수를 멱급수 전개하고 수렴반경을 정하라.

(1) $f(x) = \begin{cases} \dfrac{\arctan x}{x}, & x \neq 0 \\ 1, & x = 0 \end{cases}$

(2) $f(x) = x^2 e^x$

(3) $f(x) = \cosh(x^2)$

(4) $f(x) = \int_0^x \sinh(t^2)\,dt$

(5) $f(x) = \int_0^x \frac{t^2}{1+t^2}\,dt$

(6) $f(x) = \int_0^x \frac{e^t - 1}{t}\,dt$

(7) $f(x) = \frac{1}{(1+x^2)^2}$

(8) $f(x) = \frac{1}{(1-x)^3}$

(9) $f(x) = \frac{x}{(1+x)^4}$

(10) $f(x) = \int_0^x \frac{\sin t}{t}\,dt$

(11) $f(x) = \int_0^x \ln(1+t^2)\,dt$

(12) $f(x) = \int_0^x \sqrt{1-t^3}\,dt$

06. $\int_0^{\frac{1}{2}} \frac{\arctan t^2}{t^2}\,dt$의 근삿값을 오차$\leq 10^{-4}$ 범위에서 구하라.

07. $e^{\frac{1}{3}}$의 근삿값을 오차 $\leq 10^{-7}$의 범위에서 구하라.

08. $\sum_{n=1}^{\infty} a_n$과 $\sum_{n=1}^{\infty} b_n$은 양항급수이고 $\lim_{n\to\infty} \frac{a_n}{b_n}$이 존재한다고 할 때 다음이 성립함을

증명하라.

(1) $\sum_{n=1}^{\infty} b_n$이 수렴하면 $\sum_{n=1}^{\infty} a_n$도 수렴한다.

(2) $\sum_{n=1}^{\infty} a_n$이 발산하면 $\sum_{n=1}^{\infty} b_n$도 발산한다.

09. e가 무리수임을 증명하라. $\left(\text{즉, 모든 정수 } a, b\text{에 대하여 } e \neq \frac{a}{b}\text{이다.}\right)$

$\left[\text{힌트: } e = \frac{a}{b}\text{라 가정하면 } e^{-1} = \frac{b}{a}\text{이고 } c = e^{-1} - \frac{\sum_{n=0}^{\infty}(-1)^n}{n!}\text{이라 두면 } |c| \geq \right.$ $\left.\frac{1}{a!}\text{이나 } |c| \leq \frac{1}{(a+1)!}\right]$

10. 모든 순환소수는 유리수임을 증명하라.

11. $\sum_{n=1}^{\infty} a_n = \infty$이고 $\sum_{n=1}^{\infty} b_n$은 유한 또는 ∞일 때 $\sum_{n=1}^{\infty}(a_n + b_n) = \infty$임을 증명하라.

12. $\sum_{n=1}^{\infty} a_n = \sum_{n=1}^{\infty} b_n = S$이고 $a_n \leq c_n \leq b_n$, $(n \in N \in)$일 때 $\sum_{n=1}^{\infty} c_n = S$임을 증명하라.

제 2 장

벡터와 행렬

2.1 벡터

CALCULUS

공간에서 점을 나타내는 아이디어는 17세기 데카르트가 좌표의 개념을 도입하면서 정착되었다. 데카르트는 공간에서 서로 수직으로 만나는 좌표축을 설정하고 주어진 점을 각 좌표축으로 정사영시켜 나온 값을 성분으로 하는 순서쌍으로 공간의 점의 위치를 표현하였다. 예를 들어 [그림 2.1]에서와 같이 평면에서 점은 순서쌍 $(a_1,\ a_2)$에 의해, 공간에서의 점은 순서쌍 $(a_1,\ a_2,\ a_3)$로 나타냄으로써 그 위치를 명확하게 표시할 수 있다. 이와 같이 표시한 순서쌍을 **벡터**(vector)라고 한다. 이에 대응해서 실수를 **스칼라**(scalar)라고 한다.

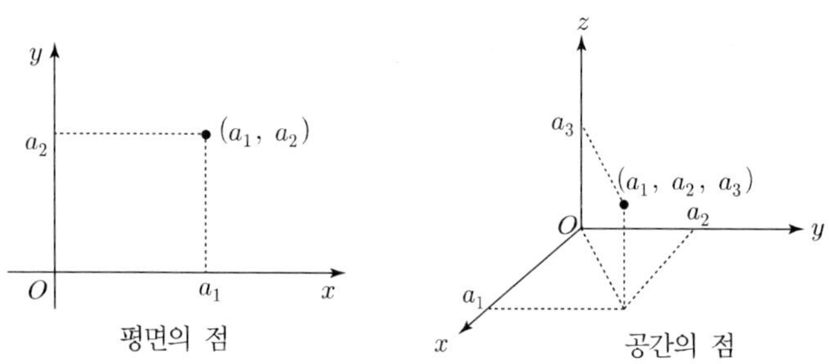

[그림 2.1] 좌표공간의 점

이러한 관점을 n개의 실수 성분으로 이루어진 순서쌍 $(a_1,\ a_2,\ \cdots,\ a_n)$으로 자연스럽게 확장할 수 있다.

정의 2.1 벡터

n개의 성분을 갖는 순서쌍 $(a_1,\ a_2,\ \cdots,\ a_n)$ 전체의 집합을 n차원 실수 공간 $\mathbb{R}^n$이라고 하며, $\mathbb{R}^n$의 원소를 n-**벡터**라고 한다. 벡터를 정의하기 위해 아래와 같이 굵은 소문자를 써서 벡터를 대표하고 성분은 일반 소문자로 나타내기로 하자.

$$\boldsymbol{a} = (a_1,\ a_2,\ \cdots,\ a_n)$$

여기서 a_i를 벡터 $\boldsymbol{a}$의 i-**성분**이라고 한다.

이제 벡터의 기본 연산을 소개하자.

$\boldsymbol{a}=(a_1,\ a_2,\ \cdots,\ a_n)$, $\boldsymbol{b}=(b_1,\ b_2,\ \cdots,\ b_n)$를 $\mathbb{R}^n$의 두 벡터라고 하자. 두 벡터 $\boldsymbol{a}$와 $\boldsymbol{b}$는 대응하는 성분이 서로 같을 때 같은 벡터로 정의한다. 즉

$$\boldsymbol{a}=\boldsymbol{b} \iff a_1=b_1,\ a_2=b_2,\ \cdots,\ a_n=b_n$$

벡터의 기본 연산으로는 덧셈과 스칼라 곱셈이 있다. 두 벡터의 합 $\boldsymbol{a}+\boldsymbol{b}$는 대응하는 성분의 합으로 이루어진 새로운 벡터이다.

$$\boldsymbol{a}+\boldsymbol{b}=(a_1+b_1,\ a_2+b_2,\ \cdots,\ a_n+b_n)$$

벡터의 스칼라 곱은 벡터의 각 성분을 실수배해서 얻어지는 벡터를 나타낸다. k가 스칼라일 때 벡터 $\boldsymbol{a}$와 스칼라 k의 곱 $k\boldsymbol{a}$는

$$k\boldsymbol{a}=(ka_1,\ ka_2,\ \cdots,\ ka_n)$$

으로 정의한다. 여기서 $(-1)\boldsymbol{a}$를 $-\boldsymbol{a}$로 간단히 표기하고 모든 성분이 0으로 이루어진 벡터를 **영벡터**라고 하고 $\mathbf{0}=(0,\ 0,\ \cdots,\ 0)$으로 나타낸다. 이러한 정의로부터 벡터의 연산에 관한 다음의 성질을 이끌어내는 것은 그다지 어렵지 않다.

정리 2.1

스칼라 k, ℓ과 벡터 $\boldsymbol{a}$, $\boldsymbol{b}$, $\boldsymbol{c}$에 대해 다음이 성립한다.

(1) $\boldsymbol{a}+\boldsymbol{b}=\boldsymbol{b}+\boldsymbol{a}$

(2) $\boldsymbol{a}+(\boldsymbol{b}+\boldsymbol{c})=(\boldsymbol{a}+\boldsymbol{b})+\boldsymbol{c}$

(3) $\boldsymbol{a}+\mathbf{0}=\boldsymbol{a}$

(4) $\boldsymbol{a}-\boldsymbol{a}=\mathbf{0}$

(5) $1\boldsymbol{a}=\boldsymbol{a}$, $0\boldsymbol{a}=\mathbf{0}$, $k\mathbf{0}=\mathbf{0}$

(6) $(k+\ell)\boldsymbol{a}=k\boldsymbol{a}+\ell\boldsymbol{a}$, $k(\boldsymbol{a}+\boldsymbol{b})=k\boldsymbol{a}+k\boldsymbol{a}$, $k(\ell\boldsymbol{a})=(k\ell)\boldsymbol{a}$

예제 2.1 $\boldsymbol{a}=(1,\ -1,\ 3)$, $\boldsymbol{b}=(-4,\ 1,\ 3)$에 대해서 다음을 구하라.

(1) $\boldsymbol{a}+\boldsymbol{b}$, $2\boldsymbol{a}$, $2\boldsymbol{a}-\boldsymbol{b}$

(2) $2\boldsymbol{a}-\boldsymbol{b}+3\boldsymbol{c}=\boldsymbol{0}$을 만족하는 벡터 $\boldsymbol{c}$를 구하라.

풀이 (1) $\boldsymbol{a}+\boldsymbol{b}=(1-4,\ -1+1,\ 3+3)=(-3,\ 0,\ 6)$

$$2\boldsymbol{a}=2(1,\ -1,\ 3)=(2,\ -2,\ 6)$$

$$2\boldsymbol{a}-\boldsymbol{b}=(2,\ -2,\ 6)-(-4,\ 1,\ 3)=(6,\ -3,\ 3)$$

(2) $2\boldsymbol{a}-\boldsymbol{b}+3\boldsymbol{c}=\boldsymbol{0}$으로부터 $3\boldsymbol{c}=-(2\boldsymbol{a}-\boldsymbol{b})=(-6,\ 3,\ -3)$이므로

$$\boldsymbol{c}=\frac{1}{3}(-6,\ 3,\ -3)=(-2,\ 1,\ -1)$$

이다. ◆

벡터와 벡터 연산은 유향선분을 가지고 새롭게 표현할 수 있다. 길이나 질량, 온도, 에너지 등은 크기만으로 결정하지만 힘이나 중력, 모멘트, 속도 등은 크기와 방향을 동시에 가지고 있는 물리적 실체이다. 이를 나타내기 위해서 유향선분을 사용할 수 있다. 예를 들어 P와 Q가 두 점일 때 P에서 시작하여 Q까지 작용하는 힘을 [그림 2.2]와 같이 유향선분 $\overrightarrow{PQ}$로 나타낼 수 있다. 힘의 크기는 유향선분의 길이로, 방향은 화살표 방향으로 진행하는 것으로 간주한다. 이때 점 P를 **유향선분의 시점**, Q를 **종점**이라고 한다.

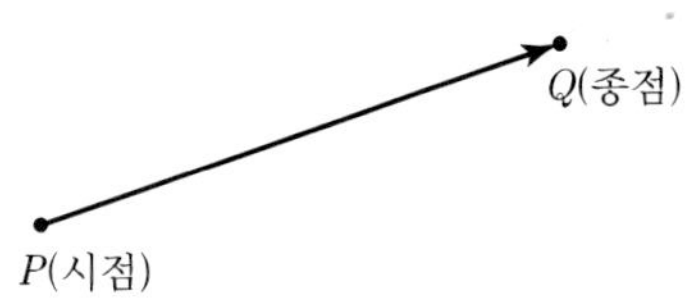

[그림 2.2] 유향선분으로서의 벡터

유향선분으로 나타내는 벡터는 그 크기와 방향이 같을 때 서로 동치인 것으로 간주한다. 이에 따라 한 유향선분을 평행이동하여도 그 본질은 변하지 않는다. 따라서 고정점을 원점으로 하는 좌표계를 도입하면 원점을 시점으로 하는 유향선분(이를 **위치벡터**라고 한

다)의 끝점을 순서쌍으로 대응시킬 수 있으므로 순서쌍으로 표현된 벡터와 동일하게 취급할 수 있다. 예를 들어 평면의 두 점 $P(x_1, y_1)$, $Q(x_2, y_2)$에 대해서 유향선분 $\overrightarrow{PQ}$는 1성분이 $x_2 - x_1$이고, 2성분이 $y_2 - y_1$으로서 [그림 2.3]과 같이 원점 $O(0, 0)$을 시점으로 평행이동하면 종점이 $Q - P = (x_2 - x_1, y_2 - y_1)$인 위치벡터 $\overrightarrow{O(Q-P)}$와 일치하므로 $\overrightarrow{PQ}$를 끝점의 순서쌍 $(x_2 - x_1, y_2 - y_1)$과 상등한 벡터로 간주한다. 즉

$$\overrightarrow{PQ} = (x_2 - x_1, y_2 - y_1) = Q - P \text{의 성분 좌표이다.}$$

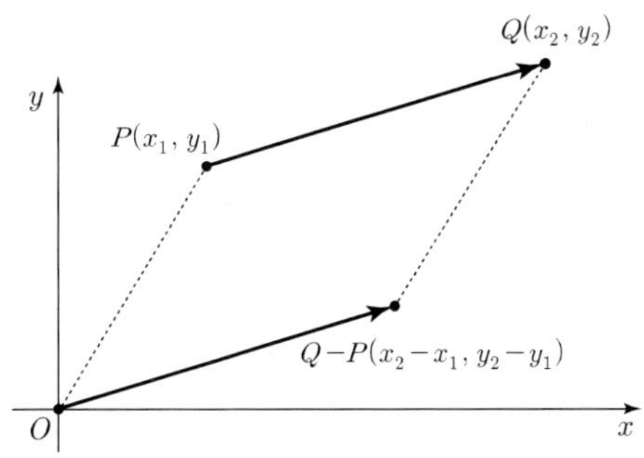

[그림 2.3] 유향선분과 위치벡터

예제 2.2 평면상의 두 점 $P(3, 5)$, $Q(-2, 4)$에 대해서 다음을 구하라.

(1) 유향선분 $\overrightarrow{PQ}$에 대응하는 벡터를 구하라.

(2) $A(-1, 4)$에 대해서 A를 시점으로 하는 유향선분의 종점을 구하라.

풀이 (1) $Q - P = (-2-3, 4-5)$이므로 $\overrightarrow{PQ} = Q - P = (-5, -1)$이다.

(2) 종점의 좌표를 $B(x, y)$라고 할 때 $B - A = (x+1, y-4)$이다. 따라서

$$\overrightarrow{PQ} = \overrightarrow{AB} \Leftrightarrow Q - P = B - A$$

로부터 $x+1 = -5$, $y-4 = -1$이다. 그러므로 $B = (-6, 3)$이다. ◆

위치벡터를 써서 벡터의 덧셈과 스칼라 곱셈을 나타내보자.

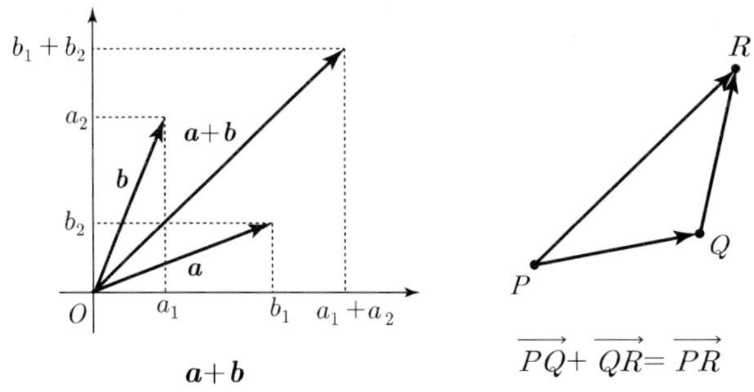

[그림 2.4] 위치벡터의 합

평면상의 두 벡터 $\boldsymbol{a}=(a_1,\ a_2)$, $\boldsymbol{b}=(b_1,\ b_2)$에 대한 벡터의 합 $\boldsymbol{a}+\boldsymbol{b}=(a_1+b_1,\ a_2+b_2)$를 위치벡터로 나타내면 [그림 2.4]에서와 같이 $\boldsymbol{a}+\boldsymbol{b}$는 $\boldsymbol{a}$와 $\boldsymbol{b}$를 두 변으로 하는 평행사변형의 대각선으로 표현된다. 이러한 관점에서 유향선분 $\overrightarrow{PQ}$와 $\overrightarrow{QR}$의 합을 두 유향선분의 대각선으로 이루어진 유향선분 $\overrightarrow{PR}$로 정의한다. 또한 $\boldsymbol{a}$가 영벡터가 아니면 스칼라 k에 대해서 벡터의 스칼라 곱 $k\boldsymbol{a}=(ka_1,\ ka_2)$는 $\boldsymbol{a}$와 평행하며 $\boldsymbol{a}$의 크기의 $|k|$배인 벡터로 표현된다. 이때 $k>0$이면 같은 방향, $k<0$이면 반대 방향으로 평행하다. 이러한 관점에서 어떤 실수 $k\neq 0$에 대해서 $\boldsymbol{a}=k\boldsymbol{b}$이면 $\boldsymbol{a}$와 $\boldsymbol{b}$는 서로 **평행한 벡터**라고 정의한다.

예제 2.3 $P(-4,\ 2)$, $Q(1,\ 3)$, $A(2,\ -3)$일 때 $\overrightarrow{AB}$가 $\overrightarrow{PQ}$와 평행하도록 하는 점 B를 모두 구하라.

풀이 B의 좌표를 라고 하면 $B(x,\ y)$라고 하면 $\overrightarrow{AB}$와 $\overrightarrow{PQ}$가 서로 평행하므로 스칼라 k에 대해서 $\overrightarrow{AB}=k\overrightarrow{PQ}$로 쓸 수 있다. 따라서

$$B-A=(x-2,\ y+3)=k(Q-P)=k(1+4,\ 3-2)=k(5,\ 1)$$

로부터 $x-1=5k$, $y+3=k$를 얻고 여기에서 k를 소거하여 $x-1=5(y+3)$을 얻는다. 따라서 B를 직선 $x-1=5(y+3)$상의 임의의 점으로 택하면 $\overrightarrow{AB}$는 $\overrightarrow{PQ}$와 평행하다. ◆

연습문제 2.1

01. $\mathbf{a}=(-1,\ 2,\ 3)$, $\mathbf{b}=(2,\ 1,\ 5)$, $\mathbf{c}=(4,\ 0,\ 3)$일 때 다음을 구하라.

(1) $\mathbf{a}-\mathbf{b}$　　(2) $3\mathbf{a}-2\mathbf{b}-3\mathbf{c}$　　(3) $2(\mathbf{a}+\mathbf{b})-3\mathbf{c}$

02. 벡터 $\mathbf{a}=(1,\ 0,\ 0)$, $\mathbf{b}=(1,\ 0,\ 2)$, $\mathbf{c}=(0,\ 1,\ -1)$와 실수 x, y, z에 대해 벡터 $\mathbf{u}$가

$$\mathbf{u}=x\mathbf{a}+y\mathbf{b}+z\mathbf{c}$$

로 주어져 있다. 다음에 답하라.

(1) $\mathbf{u}$의 각 성분을 구하라.

(2) $\mathbf{u}=(-1,\ 2,\ 2)$일 때 x, y, z를 구하라.

(3) $\mathbf{u}=\mathbf{0}$이면 $x=y=z=0$임을 보여라.

03. 한 점 $P(-1,\ 1,\ 0)$에 대해 $\overrightarrow{PQ}=(1,\ -3,\ 2)$가 되는 점 Q를 구하라.

04. 한 점 $P(2,\ 1)$에 대해 $\overrightarrow{PQ}$와 다음의 벡터 $\mathbf{a}$가 일치하도록 하는 점 Q를 구하라.

(1) $\mathbf{a}=(1,\ 2)$　　(2) $\mathbf{a}=(0,\ 0)$　　(3) $\mathbf{a}=(3,\ 3)$

05. 삼각형 ABC에서 변 BC, CA, AB의 중점이 각각 D, E, F이다. $\overrightarrow{BC}=\mathbf{a}$, $\overrightarrow{CA}=\mathbf{b}$라 할 때 다음 벡터를 $\mathbf{a}$와 $\mathbf{b}$로 나타내어라.

(1) $\overrightarrow{AB}$　　(2) $\overrightarrow{AD}$

(3) $\overrightarrow{BE}$　　(4) $\overrightarrow{CF}$

06. $P(2,\ 5)$, $Q(3,\ 1)$, $A(2,\ 3)$일 때 $\overrightarrow{AB}$가 $\overrightarrow{PQ}$와 평행이 되도록 하는 점 B의 자취를 구하라.

07. O를 시점으로 하는 세 위치벡터 $\mathbf{a}$, $\mathbf{b}$, $3\mathbf{a}-2\mathbf{b}$의 종점은 한 직선상에 놓임을 보여라.

08. 평면상의 세 점 $P(2,\ 1)$, $Q(1,\ 3)$, $R(-1,\ 0)$에 대해서 이 세 점을 꼭짓점으로 하는 평행사변형의 나머지 한 꼭짓점을 구하라.

09. $\overrightarrow{PA}=\boldsymbol{a}$, $\overrightarrow{PB}=\boldsymbol{b}$, $\overrightarrow{PC}=k\boldsymbol{a}-3\boldsymbol{b}$ 이고, $\boldsymbol{a}$와 $\boldsymbol{b}$가 서로 평행하지 않을 때 세 점 A, B, C가 일직선 위에 있도록 k의 값을 구하라.

10. 서로 다른 두 점 A와 B가 주어져 있을 때 선분 AB의 중점의 위치벡터를 A와 B의 위치벡터 $\boldsymbol{a}$와 $\boldsymbol{b}$로 나타내어라.

11. 평행사변형의 대각선은 서로를 이등분함을 보여라.

2.2 벡터의 내적

CALCULUS

앞에서 우리는 벡터가 좌표공간에서 순서쌍으로 표현되는 점으로 주어지며, 이러한 점은 원점을 시점으로 하는 위치벡터와 동치임을 확인하였다. 또한 벡터는 합과 스칼라 곱에 의해 닫혀 있는 성질을 가지고 있다. 이제 벡터의 합과 스칼라 곱과 같은 기본적인 연산 이외에 벡터의 크기나 벡터들 간의 관계를 나타내기 위해 필요한 벡터의 곱을 소개하겠다.

정의 2.2 내적

두 n-벡터 $\boldsymbol{a}=(a_1, a_2, \cdots, a_n)$과 $\boldsymbol{b}=(b_1, b_2, \cdots, b_n)$에 대해서 $\boldsymbol{a}$와 $\boldsymbol{b}$의 **내적**을

$$\boldsymbol{a} \cdot \boldsymbol{b} = a_1b_1 + a_2b_2 + \cdots + a_nb_n$$

으로 정의하고 "$\boldsymbol{a}$ dot $\boldsymbol{b}$"로 읽는다.

벡터의 내적은 대응하는 성분들의 곱을 모두 더해서 얻어진다. 예를 들면 $\boldsymbol{a}=(-1, 2, 1)$이고 $\boldsymbol{b}=(3, 2, 4)$인 두 벡터의 내적은

$$\boldsymbol{a} \cdot \boldsymbol{b} = (-1)(3)+(2)(2)+(1)(4)=5$$

이다. 벡터의 내적은 같은 차원을 갖는 벡터 사이에 적용되며 그 결과는 벡터가 아니라 실수로 주어짐에 유의하라. 벡터의 내적은 비교적 단순하게 정의되고 계산되지만 수직성 등 벡터의 기하학적 해석이나 응용에 중요한 기능을 제공한다. 내적의 기본적인 성질부터 살펴보자. 다음은 내적의 정의로부터 쉽게 유도할 수 있다.

정리 2.2

$\boldsymbol{a}$, $\boldsymbol{b}$, $\boldsymbol{c}$가 n-벡터이고 k가 스칼라일 때 내적에 대해 다음이 성립한다.

(1) $\boldsymbol{a} \cdot \boldsymbol{b} = \boldsymbol{b} \cdot \boldsymbol{a}$ (교환법칙)

(2) $\boldsymbol{a} \cdot (\boldsymbol{b}+\boldsymbol{c}) = \boldsymbol{a} \cdot \boldsymbol{b}+\boldsymbol{a} \cdot \boldsymbol{c}$ (분배법칙)

(3) $k(\boldsymbol{a} \cdot \boldsymbol{b}) = (k\boldsymbol{a}) \cdot \boldsymbol{b} = \boldsymbol{a} \cdot (k\boldsymbol{b})$ (동차성)

(4) 모든 벡터 $\boldsymbol{a}$에 대해 $\boldsymbol{a} \cdot \boldsymbol{a} \geq 0$이고

$\boldsymbol{a} \cdot \boldsymbol{a} = 0 \Leftrightarrow \boldsymbol{a} = \boldsymbol{0}$ (양성)

여기에서 $\boldsymbol{a} \cdot \boldsymbol{a} = a_1^2 + a_2^2 + \cdots + a_n^2 = 0$일 필요충분조건은 $a_1 = a_2 = \cdots = a_n = 0$이므로 (4)는 쉽게 유도된다.

정리 2.2의 (4)에 의해 $\boldsymbol{a} \cdot \boldsymbol{a} \geq 0$이므로 제곱근을 적용할 수 있다. 이 제곱근을 벡터 $\boldsymbol{a}$의 **노옴**(norm)이라 하고 $\|\boldsymbol{a}\|$로 표기한다. 즉

$$\|\boldsymbol{a}\| = \sqrt{\boldsymbol{a} \cdot \boldsymbol{a}} = \sqrt{a_1^2 + a_2^2 + \cdots + a_n^2}$$

벡터의 노옴은 벡터의 크기(길이)를 재는 데 이용할 수 있다. [그림 2.5]와 같이 $A(a_1, a_2)$가 평면상의 점이라면 위치벡터 $\overrightarrow{OA} = \boldsymbol{a}$의 크기는 원점으로부터 A까지 거리를 나타내며, 이는 피타고라스 정리에 의해 $\sqrt{a_1^2 + a_2^2}$로 주어진다. 이것은 $\|\boldsymbol{a}\| = \sqrt{\boldsymbol{a} \cdot \boldsymbol{a}}$와 일치한다.

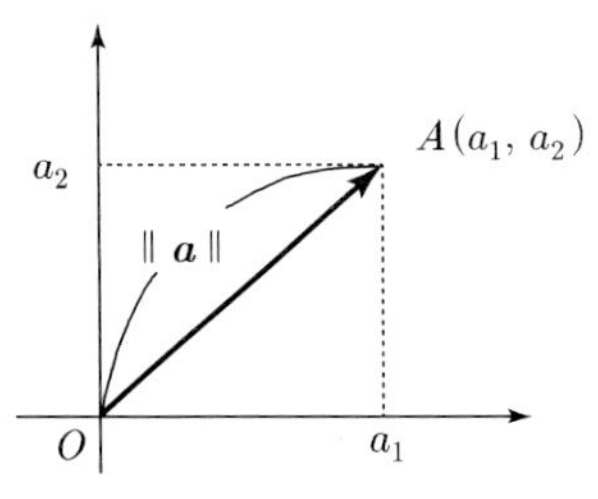

[그림 2.5] 벡터의 크기

일반적으로 두 점 $A(a_1, a_2, \cdots, a_n)$와 $B(b_1, b_2, \cdots, b_n)$ 사이의 거리는 유향선분 $\overrightarrow{AB} = \overrightarrow{OB} - \overrightarrow{OA} = \boldsymbol{b} - \boldsymbol{a}$의 길이와 같다. 따라서 두 점 A와 B 사이의 거리는

$$\|\overrightarrow{AB}\| = \|\boldsymbol{b} - \boldsymbol{a}\| = \sqrt{(b_1 - a_1)^2 + (b_2 - a_2)^2 + \cdots + (b_n - a_n)^2}$$

로 주어진다.

예제 2.4 두 점 $A(2,\ 4,\ -3)$와 $B(-1,\ 5,\ 2)$ 사이의 거리를 구하라.

풀이 두 점의 위치벡터를 각각 $\boldsymbol{a}$와 $\boldsymbol{b}$라 하면 A와 B 사이의 거리는

$$\|\boldsymbol{b}-\boldsymbol{a}\| = \sqrt{(-1-2)^2+(5-4)^2+(2+3)^2} = \sqrt{35}$$ ◆

크기가 1인 벡터를 **단위벡터**(unit vector)라고 한다. 단위벡터는 벡터의 방향성을 제시하는 역할을 한다. 벡터의 노음을 써서 주어진 벡터와 같은 방향을 갖는 단위벡터를 구할 수 있다. $\boldsymbol{v}$가 0이 아닌 벡터이고 $\boldsymbol{u}$를 $\boldsymbol{v}$와 같은 방향을 갖는 단위벡터라고 하면 $\boldsymbol{u}$는 $\boldsymbol{v}$와 같은 방향으로 평행하므로 적당한 실수 $k>0$에 대해 $\boldsymbol{u}=k\boldsymbol{v}$로 쓸 수 있다. 이제 크기가 1이 되도록 스칼라 k를 결정하면

$$\|\boldsymbol{u}\|^2 = (k\boldsymbol{v})\cdot(k\boldsymbol{v}) = k^2(\boldsymbol{v}\cdot\boldsymbol{v}) = (k\|\boldsymbol{v}\|)^2 = 1$$

이 되므로 $k=\dfrac{1}{\|\boldsymbol{v}\|}$이고 $\boldsymbol{v}$ 방향으로의 단위벡터는 $\boldsymbol{u}=\dfrac{\boldsymbol{v}}{\|\boldsymbol{v}\|}$이다.

예제 2.5 $\boldsymbol{v}=(1,\ 2,\ -2)$일 때 $\boldsymbol{v}$ 방향의 단위벡터를 구하라.

풀이 $\|\boldsymbol{v}\|=\sqrt{(1)^2+(2)^2+(-2)^2}=3$이다.

따라서 $\boldsymbol{v}$ 방향의 단위벡터는

$$\frac{\boldsymbol{v}}{\|\boldsymbol{v}\|} = \frac{1}{3}(1,\ 2,\ -2) = \left(\frac{1}{3},\ \frac{2}{3},\ -\frac{2}{3}\right)$$ ◆

벡터의 내적과 노음은 공간기하의 해석을 용이하게 한다. 이를 위해서 노음의 성질을 간추려 정리해보자.

정리 2.3

$\boldsymbol{a}$, $\boldsymbol{b}$가 n-벡터이고 k가 스칼라일 때 벡터의 노음에 대해 다음이 성립한다.

(1) $\|\boldsymbol{a}\| \geq 0$이고 $\|\boldsymbol{a}\|=0 \Leftrightarrow \boldsymbol{a}=\boldsymbol{0}$ (양성)

(2) $\|k\boldsymbol{a}\| = |k|\,\|\boldsymbol{a}\|$	(동차성)
(3) $|\boldsymbol{a}\cdot\boldsymbol{b}| \le \|\boldsymbol{a}\|\,\|\boldsymbol{b}\|$	(코시-슈바르츠 부등식)
(4) $\|\boldsymbol{a}+\boldsymbol{b}\| \le \|\boldsymbol{a}\|+\|\boldsymbol{b}\|$	(삼각부등식)

증명 (1)과 (2)는 양성과 내적의 연산으로부터 쉽게 유도된다.

(3) $\boldsymbol{a}$ 또는 $\boldsymbol{b}$가 영벡터이면 (3)은 등식으로 성립한다. 따라서 $\boldsymbol{a}$와 $\boldsymbol{b}$를 영벡터가 아니라고 가정한다. 임의의 실수 t에 대해서 $\|t\boldsymbol{a}+\boldsymbol{b}\|^2 \ge 0$이므로 t에 관한 2차식

$$\|t\boldsymbol{a}+\boldsymbol{b}\|^2 = (t\boldsymbol{a}+\boldsymbol{b})\cdot(t\boldsymbol{a}+\boldsymbol{b}) = \|\boldsymbol{a}\|^2t^2 + 2(\boldsymbol{a}\cdot\boldsymbol{b})t + \|\boldsymbol{b}\|^2$$

이 0보다 크거나 같을 필요충분조건은 판별식 D가 0보다 작거나 같은 경우이므로

$$D = (\boldsymbol{a}\cdot\boldsymbol{b})^2 - \|\boldsymbol{a}\|^2\|\boldsymbol{b}\|^2 \le 0$$

으로부터 (3)이 얻어진다.

(4) (3)을 적용하면

$$\begin{aligned}\|\boldsymbol{a}+\boldsymbol{b}\|^2 &= (\boldsymbol{a}+\boldsymbol{b})\cdot(\boldsymbol{a}+\boldsymbol{b}) = \|\boldsymbol{a}\|^2 + 2(\boldsymbol{a}\cdot\boldsymbol{b}) + \|\boldsymbol{b}\|^2 \\ &\le \|\boldsymbol{a}\|^2 + 2\|\boldsymbol{a}\|\,\|\boldsymbol{b}\| + \|\boldsymbol{b}\|^2 = (\|\boldsymbol{a}\|+\|\boldsymbol{b}\|)^2\end{aligned}$$

이 되어 삼각부등식이 얻어진다. ◆

다음은 $\boldsymbol{a} = (a_1, a_2, \cdots, a_n)$, $\boldsymbol{b} = (b_1, b_2, \cdots, b_n)$에 대해서 코시-슈바르츠 부등식을 성분으로 나타낸 것이다.

$$|a_1b_1 + a_2b_2 + \cdots + a_nb_n| \le \sqrt{a_1^2 + a_2^2 + \cdots + a_n^2}\,\sqrt{b_1^2 + b_2^2 + \cdots + b_n^2}$$

내적의 유용성은 수직성과 정사영 등 벡터들 간의 관계를 나타내는 대표적인 도구로 활용할 수 있다는 데 있다. 먼저 수직성의 관점을 살펴보자. [그림 2.6]에서와 같이 점 A와 B가 주어져 있을 때 $\boldsymbol{a} = \overrightarrow{OA}$, $\boldsymbol{b} = \overrightarrow{OB}$, $\boldsymbol{a}+\boldsymbol{b} = \overrightarrow{O(P+Q)}$를 세 변으로 하는 삼각형에서 $\boldsymbol{a}$와 $\boldsymbol{b}$가 서로 수직이라면 직각삼각형에 대한 피타고라스 정리로부터

$$\|\boldsymbol{a}+\boldsymbol{b}\|^2=\|\boldsymbol{a}\|^2+\|\boldsymbol{b}\|^2$$

을 얻는다. $\|\boldsymbol{a}+\boldsymbol{b}\|^2=(\boldsymbol{a}+\boldsymbol{b})\cdot(\boldsymbol{a}+\boldsymbol{b})=\|\boldsymbol{a}\|^2+2(\boldsymbol{a}\cdot\boldsymbol{b})c+\|\boldsymbol{b}\|^2$ 이므로 $\boldsymbol{a}$와 $\boldsymbol{b}$가 서로 수직이라면 $\boldsymbol{a}\cdot\boldsymbol{b}=0$임을 알 수 있다.

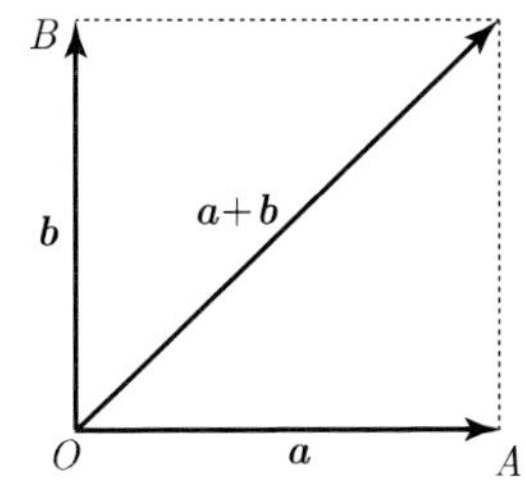

[그림 2.6] 직각삼각형

역으로 $\boldsymbol{a}\cdot\boldsymbol{b}=0$이면 $\|\boldsymbol{a}+\boldsymbol{b}\|^2=\|\boldsymbol{a}\|^2+\|\boldsymbol{b}\|^2$이므로 $\boldsymbol{a}$와 $\boldsymbol{b}$가 수직인 것은 $\boldsymbol{a}\cdot\boldsymbol{b}=0$인 경우, 그리고 그때뿐이다. 이러한 관찰로부터 자연스럽게 $\boldsymbol{a}\cdot\boldsymbol{b}=0$일 때 영이 아닌 두 벡터 $\boldsymbol{a}$와 $\boldsymbol{b}$가 서로 **수직**이라고 정의한다.

예제 2.6 $\boldsymbol{v}=(-3,\ 4)$일 때 $\boldsymbol{v}$와 수직인 단위벡터를 모두 구하라.

풀이 $\boldsymbol{v}$와 수직인 단위벡터를 $\boldsymbol{u}=(x,\ y)$라 하면 $\boldsymbol{u}\cdot\boldsymbol{v}=0$이고 $\|\boldsymbol{u}\|=1$이다. 따라서 $-3x+4y=0$이고 $x^2+y^2=1$이다. 이를 풀면 $x=\pm\frac{4}{5}$, $y=\mp\frac{3}{5}$이므로 구하는 수직인 단위벡터는 $\boldsymbol{u}=\pm\left(\frac{4}{5},\ -\frac{3}{5}\right)$이다. ◆

다음으로 수직성의 개념을 이용해서 한 벡터의 다른 벡터 위로의 정사영에 대해 생각해 보자. 영벡터가 아닌 두 벡터 $\boldsymbol{a}$와 $\boldsymbol{u}$가 주어져 있을 때 [그림 2.7]과 같이 $\boldsymbol{a}$를 $\boldsymbol{u}$ 위로 투영시켜서 얻어지는 벡터를 $\boldsymbol{a}$의 $\boldsymbol{u}$ 위로의 **정사영**이라 하고 $P_{\boldsymbol{u}}(\boldsymbol{a})$로 나타낸다.

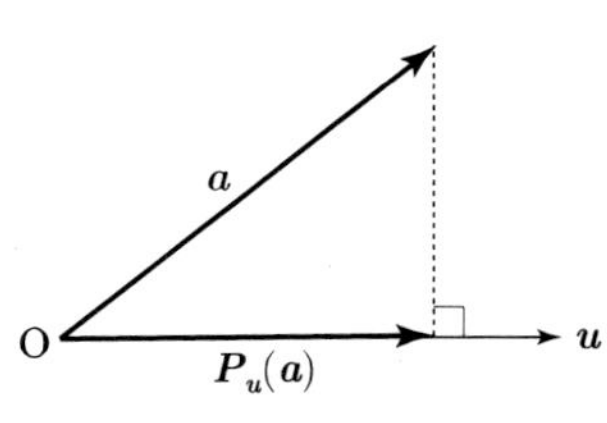

[그림 2.7] 벡터의 정사영

정리 2.4

$\boldsymbol{a}$와 $\boldsymbol{u}$가 영벡터가 아닌 n-벡터일 때 $\boldsymbol{a}$의 $\boldsymbol{u}$ 위로의 정사영은 다음과 같다.

$$P_u(\boldsymbol{a}) = \left(\frac{\boldsymbol{a} \cdot \boldsymbol{u}}{\boldsymbol{u} \cdot \boldsymbol{u}}\right)\boldsymbol{u} = \left(\boldsymbol{a} \cdot \frac{\boldsymbol{u}}{\|\boldsymbol{u}\|}\right)\frac{\boldsymbol{u}}{\|\boldsymbol{u}\|}$$

증명 $P_u(\boldsymbol{a})$가 $\boldsymbol{u}$와 같은 방향의 벡터이므로 $P_u(\boldsymbol{a}) = k\boldsymbol{u}$, $(k > 0)$로 쓸 수 있다. 여기에서 k를 구하기 위해 [그림 2.7]에서와 같이 $\boldsymbol{a} - k\boldsymbol{u}$와 $\boldsymbol{u}$가 서로 수직이라는 사실을 이용하면

$$0 = (\boldsymbol{a} - k\boldsymbol{u}) \cdot \boldsymbol{u} = \boldsymbol{a} \cdot \boldsymbol{u} - k(\boldsymbol{u} \cdot \boldsymbol{u})$$

가 되어 $k = \dfrac{\boldsymbol{a} \cdot \boldsymbol{u}}{\boldsymbol{u} \cdot \boldsymbol{u}}$이므로 정사영의 형식이 결정된다. ◆

예제 2.7 $\boldsymbol{a} = (-2,\ 1,\ 3)$, $\boldsymbol{u} = (1,\ 1,\ 2)$에 대하여 $P_u(\boldsymbol{a})$를 구하라.

풀이 $\boldsymbol{a} \cdot \boldsymbol{u} = (-2)(1) + (1)(1) + (3)(2) = 5$, $\boldsymbol{u} \cdot \boldsymbol{u} = 1^2 + 1^2 + 2^2 = 6$

따라서 $P_u(\boldsymbol{a}) = \left(\dfrac{\boldsymbol{a} \cdot \boldsymbol{u}}{\boldsymbol{u} \cdot \boldsymbol{u}}\right)\boldsymbol{u} = \dfrac{5}{6}\boldsymbol{u} = \left(\dfrac{5}{6},\ \dfrac{5}{6},\ \dfrac{5}{3}\right)$이다. ◆

$\dfrac{\boldsymbol{u}}{\|\boldsymbol{u}\|}$는 $\boldsymbol{u}$ 방향의 단위벡터이므로 $P_u(\boldsymbol{a})$의 형식에서 $\left(\boldsymbol{a} \cdot \dfrac{\boldsymbol{u}}{\|\boldsymbol{u}\|}\right)$는 $\boldsymbol{a}$의 $\boldsymbol{u}$ 방향의 성분을 나타낸다. 일반적으로 단위벡터 $\boldsymbol{e}$에 대해 $\boldsymbol{a} \cdot \boldsymbol{e}$는 $\boldsymbol{a}$의 $\boldsymbol{e}$ 방향의 성분이다. 단위벡터 $\boldsymbol{e}$와 같은 차원의 벡터 $\boldsymbol{a}$에 대해서 $\boldsymbol{a} = (\boldsymbol{a} - P_e(\boldsymbol{a})) + P_e(\boldsymbol{a})$로 쓰면 $\boldsymbol{a} - P_e(\boldsymbol{a})$와 $P_e(\boldsymbol{a})$가 서로 수직이므로 피타고라스 성질

$$\|\boldsymbol{a}\|^2 = \|\boldsymbol{a} - P_e(\boldsymbol{a})\|^2 + \|P_e(\boldsymbol{a})\|^2$$

이 성립한다. 그러므로

$$\|P_e(\boldsymbol{a})\|^2 = \|(\boldsymbol{a} \cdot \boldsymbol{e})\boldsymbol{a}\|^2 = |\boldsymbol{a} \cdot \boldsymbol{e}|^2 \le \|\boldsymbol{a}\|^2$$

로부터 $|\boldsymbol{a} \cdot \boldsymbol{e}| \le \|\boldsymbol{a}\|$이 얻어진다. 일반적으로 $\boldsymbol{b} \ne \boldsymbol{0}$일 때 $\boldsymbol{e}$를 $\boldsymbol{e}$ 방향의 단위벡터 $\boldsymbol{e} = \dfrac{\boldsymbol{b}}{\|\boldsymbol{b}\|}$로 두면 $|\boldsymbol{a} \cdot \dfrac{\boldsymbol{b}}{\|\boldsymbol{b}\|}| \le \|\boldsymbol{a}\|$로부터 정리 2.3의 코시-슈바르츠 부등식을 유도할

수 있다.

영이 아닌 두 벡터 $\boldsymbol{a}$와 $\boldsymbol{b}$가 이루는 각을 두 **벡터의 사잇각**이라고 한다. 벡터의 내적은 사잇각을 통해 두 벡터가 이루는 변의 위치관계를 잘 표현해준다.

정리 2.5

$\boldsymbol{a}$와 $\boldsymbol{b}$가 영벡터가 아닌 n-벡터일 때 $\boldsymbol{a}$와 $\boldsymbol{b}$의 사잇각 θ에 대해 다음이 성립한다.

$$\boldsymbol{a}\cdot\boldsymbol{b}=\|\boldsymbol{a}\|\,\|\boldsymbol{b}\|\cos\theta,\ (0\le\theta\le\pi)$$

증명 [그림 2.8]과 같이 두 가지 경우로 나누어 살펴보자.

(i) $0\le\theta\le\frac{\pi}{2}$인 경우: $\boldsymbol{a}$의 $\boldsymbol{b}$ 방향의 성분은 $\boldsymbol{a}\cdot\frac{\boldsymbol{b}}{\|\boldsymbol{b}\|}\ge 0$이므로

$$\begin{aligned}\|\boldsymbol{a}\|\cos\theta=\|P_{\boldsymbol{b}}(\boldsymbol{a})\|&=\left\|\left(\boldsymbol{a}\cdot\frac{\boldsymbol{b}}{\|\boldsymbol{b}\|}\right)\frac{\boldsymbol{b}}{\|\boldsymbol{b}\|}\right\|\\&=\left|\boldsymbol{a}\cdot\frac{\boldsymbol{b}}{\|\boldsymbol{b}\|}\right|=\frac{\boldsymbol{a}\cdot\boldsymbol{b}}{\|\boldsymbol{b}\|}.\end{aligned}$$

(ii) $\frac{\pi}{2}<\theta\le\pi$인 경우: $\boldsymbol{a}$의 $-\boldsymbol{b}$ 방향으로의 성분은 $\boldsymbol{a}\cdot\frac{(-\boldsymbol{b})}{\|-\boldsymbol{b}\|}>0$이고 $\cos(\pi-\theta)=-\cos\theta$이므로

$$\begin{aligned}\|\boldsymbol{a}\|\cos(\pi-\theta)=-\|\boldsymbol{a}\|\cos\theta&=\|P_{-\boldsymbol{b}}(\boldsymbol{a})\|\\&=\left|\boldsymbol{a}\cdot\frac{-\boldsymbol{b}}{\|-\boldsymbol{b}\|}\right|=\frac{\boldsymbol{a}\cdot(-\boldsymbol{b})}{\|\boldsymbol{b}\|}\end{aligned}$$

가 되어 정리가 성립한다. ◆

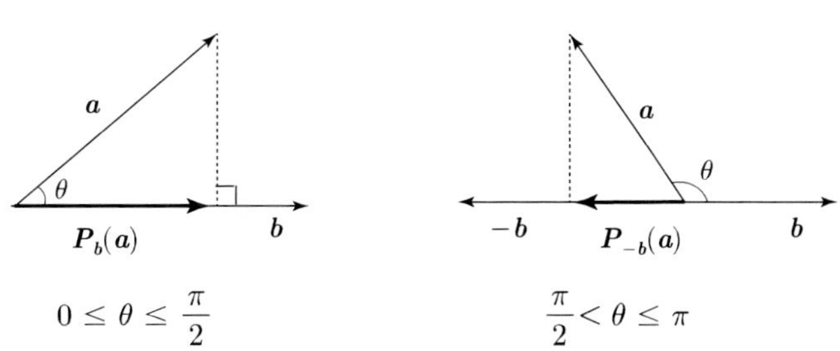

[그림 2.8] 두 벡터의 사잇각 θ

예제 2.8 $\boldsymbol{a}=(1,\ -2,\ 2)$, $\boldsymbol{b}=(1,\ 0,\ 1)$일 때 두 벡터 $\boldsymbol{a}$와 $\boldsymbol{b}$가 이루는 사잇각을 구하라.

풀이 $\|\boldsymbol{a}\|=\sqrt{1^2+(-2)^2+2^2}=3$이고 $\|\boldsymbol{b}\|=\sqrt{1^2+0^2+1^2}=\sqrt{2}$이다.

또한 $\boldsymbol{a}\cdot\boldsymbol{b}=(1)(1)+(-2)(0)+(2)(1)=3$이므로

$$\cos\theta=\frac{\boldsymbol{a}\cdot\boldsymbol{b}}{\|\boldsymbol{a}\|\|\boldsymbol{b}\|}=\frac{1}{\sqrt{2}}$$

이다. 따라서 사잇각은 $\theta=\frac{\pi}{4}$이다. ◆

예제 2.9 공간의 세 점 $P(1,\ 2,\ 0)$, $Q(-1,\ 0,\ 1)$, $R(-1,\ 1,\ 2)$에 대해서 $\triangle PQR$의 두 변 PQ와 PR이 이루는 사잇각을 구하라.

풀이

$$\overrightarrow{PQ}=(-1-1,\ 0-2,\ 1-0)=(-2,\ -2,\ 1),$$
$$\overrightarrow{PR}=(-1-1,\ 1-2,\ 2-0)=(-2,\ -1,\ 2)$$

이고 두 변 PQ와 PR의 사잇각은 두 벡터 $\overrightarrow{PQ}$와 $\overrightarrow{PR}$의 사잇각이므로 그 각을 θ라고 하면

$$\cos\theta=\frac{\overrightarrow{PQ}\cdot\overrightarrow{PR}}{\|\overrightarrow{PQ}\|\|\overrightarrow{PR}\|}=\frac{8}{9}$$

◆

연습문제 2.2

01. 영이 아닌 두 벡터 $\boldsymbol{a}$와 $\boldsymbol{b}$에 대해서 다음 각 등식이 성립할 필요충분조건은 각각 무엇인가?

(1) $\|\boldsymbol{a}+\boldsymbol{b}\|=\|\boldsymbol{a}-\boldsymbol{b}\|$ (2) $|\boldsymbol{a}\cdot\boldsymbol{b}|=\|\boldsymbol{a}\|\,\|\boldsymbol{b}\|$

(3) $\|\boldsymbol{a}+\boldsymbol{b}\|=\|\boldsymbol{a}\|+\|\boldsymbol{b}\|$

02. 두 벡터 $\boldsymbol{a}$와 $\boldsymbol{b}$에 대해 다음 등식이 성립함을 보여라.

(1) $\|\boldsymbol{a}+\boldsymbol{b}\|^2+\|\boldsymbol{a}-\boldsymbol{b}\|^2=2(\|\boldsymbol{a}\|^2+\|\boldsymbol{b}\|^2)$

(2) $\boldsymbol{a}\cdot\boldsymbol{b}=\dfrac{1}{4}(\|\boldsymbol{a}+\boldsymbol{b}\|^2-\|\boldsymbol{a}-\boldsymbol{b}\|^2)$

03. 벡터 $\boldsymbol{a}=(1,\ 1,\ 0)$, $\boldsymbol{b}=(1,\ 0,\ 2)$, $\boldsymbol{c}=(0,\ 1,\ -1)$에 대해 각각 다음을 구하라.

(1) $P_{\boldsymbol{b}}(\boldsymbol{a})$ (2) $P_{\boldsymbol{a}}(\boldsymbol{b})$

(3) $P_{\boldsymbol{b}}(\boldsymbol{a}-2\boldsymbol{c})$ (4) $P_{\boldsymbol{a}-2\boldsymbol{c}}(\boldsymbol{b})$

04. $\boldsymbol{a}=(-2,\ 5,\ 1)$이고 $\boldsymbol{b}=(1,\ -1,\ 3)$일 때 $\boldsymbol{b}$ 방향으로 향하는 단위벡터 $\boldsymbol{e}$를 구하고 $\boldsymbol{e}$ 방향으로의 $\boldsymbol{a}$의 성분을 계산하라. 이것을 $P_{\boldsymbol{b}}(\boldsymbol{a})$와 비교하라.

05. 공간벡터 $\boldsymbol{u}=(1,\ 2,\ -1)$를 각각 xy평면, yz평면, zx평면에 정사영 해서 얻어진 벡터를 $\boldsymbol{a}$, $\boldsymbol{b}$, $\boldsymbol{c}$라 하자. 스칼라 t_1, t_2, t_3에 대해서 $\boldsymbol{u}=t_1\boldsymbol{a}+t_2\boldsymbol{b}+t_3\boldsymbol{c}$일 때 $t_1+t_2+t_3$를 구하라.

06. 영이 아닌 두 벡터 $\boldsymbol{a}$와 $\boldsymbol{b}$의 사잇각을 θ라 하자. 다음을 보여라.

(1) 다음 등식이 성립함을 보여라. 이것을 **코사인 제 2 공식**이라고 한다.

$$\|\boldsymbol{a}-\boldsymbol{b}\|^2=\|\boldsymbol{a}\|^2+\|\boldsymbol{b}\|^2-2\|\boldsymbol{a}\|\,\|\boldsymbol{b}\|\cos\theta$$

(2) 삼각형의 세 변에 대한 코사인 제 2 공식을 써서 정리 2.5를 증명하여라.

07. $\boldsymbol{a}=(3,\ 1)$, $\boldsymbol{b}=(1,\ 2)$, $\boldsymbol{c}=(4,\ -2)$일 때 $\boldsymbol{a}-\boldsymbol{b}$와 $\boldsymbol{a}-\boldsymbol{c}$가 이루는 사잇각을 구하라.

08. $\boldsymbol{a}=(1,\ -2,\ 3)$, $\boldsymbol{b}=(-1,\ 1,\ 2)$에 대해 $g(t)=\|\boldsymbol{a}-t\boldsymbol{b}\|$의 최솟값을 구하라.

09. 한 변의 길이가 1인 정사면체 $PABC$에서 $\overline{AB}$의 중점을 M, $\overline{BC}$의 중점을 N이라 하자.

(1) $\|\overrightarrow{PA}+\overrightarrow{PB}+\overrightarrow{PC}\|$의 값을 구하라.

(2) $\overrightarrow{PM}\cdot\overrightarrow{PN}$의 값을 구하라.

10. 두 벡터 $(\cos\theta_1,\ \sin\theta_1)$과 $(\cos\theta_2,\ \sin\theta_2)$의 내적을 통해서 항등식

$$\cos(\theta_1-\theta_2)=\cos\theta_1\cos\theta_2+\sin\theta_1\sin\theta_2$$

가 성립함을 보여라.

11. 두 벡터 $\boldsymbol{a}=(1,\ 2,\ 1)$와 $\boldsymbol{b}=(2,\ 1,\ 1)$에 모두 수직을 이루는 단위벡터를 구하라.

12. 영이 아닌 벡터 $\boldsymbol{a}=(a_1,\ a_2,\ a_3)$가 $\mathbb{R}^3$의 좌표축을 따르는 단위벡터 $\boldsymbol{i}$, $\boldsymbol{j}$, $\boldsymbol{k}$와 이루는 각을 각각 α, β, γ라 할 때, $\cos\alpha$, $\cos\beta$, $\cos\gamma$를 각각 벡터 $\boldsymbol{a}$의 **방향여현**이라 하고 α, β, γ를 각각 $\boldsymbol{a}$의 **방향각**이라 한다. 다음을 보여라.

(1) $\cos\alpha=\dfrac{a_1}{\sqrt{a_1^2+a_2^2+a_3^2}}$, $\cos\beta=\dfrac{a_2}{\sqrt{a_1^2+a_2^2+a_3^2}}$, $\cos\gamma=\dfrac{a_3}{\sqrt{a_1^2+a_2^2+a_3^2}}$

(2) $\cos^2\alpha+\cos^2\beta+\cos^2\gamma=1$

(3) $\boldsymbol{a}$ 방향으로의 단위벡터는 $(\cos\alpha,\ \cos\beta,\ \cos\gamma)$이다.

2.3 직선과 평면의 방정식

공간기하에서 가장 기본적인 소재는 점, 선 및 평면과 이들 사이의 관계이다. 관계에서 중요한 요소는 평행과 수직성을 포함한다. 공간에서 점은 위치벡터 또는 벡터라는 개념과 동일하게 쓰인다. 이 절에서는 벡터의 내적을 써서 직선과 평면의 방정식이 어떻게 결정되는지 조사하고 이들 사이의 관계에 대해 살펴보기로 하자.

A가 주어진 점이고 $\boldsymbol{u}$가 영이 아닌 벡터일 때 A를 지나 $\boldsymbol{u}$에 평행한 직선 l은 유일하게 결정된다. 이때 $\boldsymbol{u}$를 직선 l의 방향벡터라고 한다.

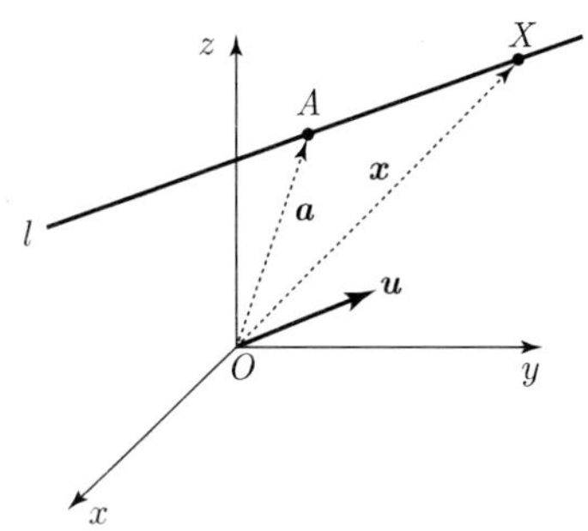

[그림 2.9] 한 점 A를 지나 $\boldsymbol{u}$에 평행한 직선

l을 구하기 위해 X를 l상의 임의의 점이라 하면 벡터 $\overrightarrow{AX}=\overrightarrow{OX}-\overrightarrow{OA}=\boldsymbol{x}-\boldsymbol{a}$가 $\boldsymbol{u}$에 평행하므로 적당한 실수 t에 대해 $\boldsymbol{x}-\boldsymbol{a}=t\boldsymbol{u}$이고 X는 l상의 임의의 점이므로 직선의 방정식은

$$\boldsymbol{x}=\boldsymbol{a}+t\boldsymbol{u},\ (t\in\mathbb{R})$$

로 주어진다. 이것을 t를 매개변수로 하는 **직선 l의 매개변수방정식**이라고 한다.

직선의 방정식을 성분으로 나타내보자. $\boldsymbol{u}=(u_1,\ u_2,\ \cdots,\ u_n)$이고 $\boldsymbol{a}=(a_1,\ a_2,\ \cdots,\ a_n)$일 때 $\boldsymbol{x}=(x_1,\ x_2,\ \cdots,\ x_n)$이라 두면 직선의 방정식은

$$x_i=a_i+tu_i,\ (i=1,\ 2,\ \cdots,\ n)$$

이 되고 여기서 매개변수 t를 소거하면 위 식은

$$\frac{x_1 - a_1}{u_1} = \frac{x_2 - a_2}{u_2} = \cdots = \frac{x_n - a_n}{u_n}$$

으로 표현된다. 이때 분모가 0이 되는 항은 분자도 0이 되는 것으로 간주한다. 여기서 분모를 이루는 방향벡터 $\boldsymbol{u}$의 비 $u_1 : u_2 : \cdots : u_n$을 **직선의 방향비**라고 한다.

예제 2.10 두 점 $P(1,\ 2,\ 3)$와 $Q(4,\ -1,\ 2)$를 지나는 직선의 방정식을 구하고 이 직선이 xy평면과 만나는 점을 구하라.

풀이 구하는 직선을 l이라 하면 l은 점 P를 지나 $\overrightarrow{PQ}$에 평행한 직선이므로 직선의 매개변수방정식은 직선상의 임의의 점을 $X(x,\ y,\ z)$라고 할 때

$$x = 1 + 3t,\ y = 2 - 3t,\ z = 3 - t,\ (t \in \mathbb{R})$$

로 주어진다. l이 xy평면과 만나는 점은 z좌표가 0이 되는 점이므로 $z = 3 - t = 0$으로부터 $t = 3$이고 이것을 $x,\ y$에 대입하면

$$x = 1 + 3(3) = 10,\ y = 2 - 3(3) = -7$$

이다. 따라서 l은 xy평면과 $(10,\ -7,\ 0)$에서 만난다. ◆

평면은 평면상의 한 점과 그 평면에 수직인 벡터에 의해서 유일하게 결정된다. 주어진 점 A를 지나 영이 아닌 벡터 $\boldsymbol{n}$과 수직을 이루는 평면 Π의 방정식을 구해보자. 평면 Π에 수직인 벡터 $\boldsymbol{n}$을 Π의 **법선벡터**(normal vector)라고 한다.

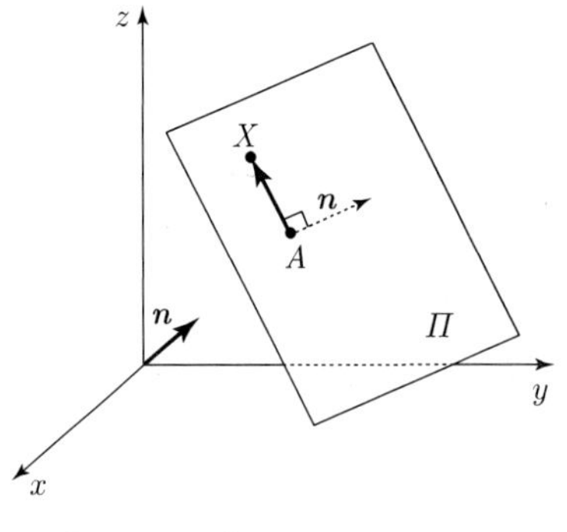

[그림 2.10] 한 점 A를 지나 n에 수직인 평면

X를 Π상의 임의의 점이라 하면 $\overrightarrow{AX} = \boldsymbol{x} - \boldsymbol{a}$와 $\boldsymbol{n}$은 서로 수직이므로 평면 Π는

$$(\boldsymbol{x} - \boldsymbol{a}) \cdot \boldsymbol{n} = 0, \quad \text{또는 } \boldsymbol{x} \cdot \boldsymbol{n} = \boldsymbol{a} \cdot \boldsymbol{n}$$

를 만족한다. 역으로 점 $X \in \Pi$가 이 관계를 만족하면 $\overrightarrow{AX}$는 $\boldsymbol{n}$에 수직이므로 주어진 식은 Π를 결정한다. 이를 **평면 Π의 방정식**이라고 한다. 3차원 공간에서 평면의 방정식을 생각해 보자. 주어진 점을 $A(a_1, a_2, a_3)$라고 하면 법선벡터가 $\boldsymbol{n} = (n_1, n_2, n_3)$일 때 평면상의 임의의 위치벡터 $\boldsymbol{x} = (x, y, z)$에 대해서 평면의 방정식은

$$0 = (\boldsymbol{x} - \boldsymbol{a}) \cdot \boldsymbol{n} = n_1(x - a_1) + n_2(y - a_2) + n_3(z - a_3)$$

이고 이는 다시

$$n_1x + n_2y + n_3z = d, \ d = n_1a_1 + n_2a_2 + n_3a_3$$

의 형태로 쓸 수 있다. 3차원 공간에서 평면의 방정식은 흔히 $ax + by + cz = d$의 형태로 주어지며 여기서 이 식의 계수로 이루어진 벡터 (a, b, c)는 바로 그 평면에 수직인 법선벡터를 나타낸다.

예제 2.11 한 점 $A(1, -2, 3)$를 지나고 벡터 $\boldsymbol{n} = (2, 4, -1)$에 수직인 평면의 방정식을 구하라.

풀이 $X(x, y, z)$를 평면상의 임의의 점이라면

$$(\boldsymbol{x} - \boldsymbol{a}) \cdot \boldsymbol{n} = (x-1, y+2, z-3) \cdot (2, 4, -1) = 0$$

으로부터 구하는 평면의 방정식은

$$2(x-1) + 4(y+2) - (z-3) = 0, \text{ 또는 } 2x + 4y - z = -9$$

이다. ◆

예제 2.12 세 점 $P(1, 2, -2)$, $Q(2, 1, -1)$, $R(1, -1, 6)$을 지나는 평면의 방정식을 구하라.

풀이 구하는 평면의 법선벡터를 $\boldsymbol{n} = (n_1, n_2, n_3)$이라 하자.

$\boldsymbol{n}$이 $\overrightarrow{PQ}$와 $\overrightarrow{PR}$에 수직이므로

$$\boldsymbol{n} \cdot \overrightarrow{PQ} = \boldsymbol{n} \cdot (1,\ -1,\ 1) = 0,$$
$$\boldsymbol{n} \cdot \overrightarrow{PR} = \boldsymbol{n} \cdot (0,\ -3,\ 8) = 0$$

으로부터

$$n_1 - n_2 + n_3 = 0,\ -3n_2 + 8n_3 = 0$$

을 얻는다. 여기서 $n_2 = 8,\ n_3 = 3$로 두면 $n_1 = 5$를 얻고 모든 법선벡터는 이 벡터에 평행하다. 따라서 구하는 평면은 P를 지나 $\boldsymbol{n} = (5,\ 8,\ 3)$에 수직인 평면이므로 평면의 방정식은

$$5x + 8y + 3z = (5)(1) + (8)(2) + (3)(-2) = 15$$

이다. ◆

연습문제 2.3

01. 다음 중 두 점 $P(-3, 1)$, $Q(1, 2)$를 지나는 직선 위에 놓이는 점을 모두 구하라.

$$(2,\ 1),\ (5,\ 3),\ \left(\frac{7}{3},\ \frac{7}{3}\right),\ (-6,\ 1)$$

02. l은 점 $A(1, -1, 1)$을 지나 $\boldsymbol{u}=(2, -1, 3)$에 평행한 직선이다. 다음 중 직선 l 위에 놓이는 점을 모두 구하라.

$$(-1,\ 0,\ -2),\ (4,\ 1,\ -2),\ \left(0,\ -\frac{1}{2},\ -\frac{1}{2}\right),\ (1,\ 2,\ 3)$$

03. 주어진 두 점 P와 Q를 지나는 직선의 방정식을 구하고 직선이 평면 $x+y+z=1$과 만나는 점을 결정하라.

(1) $P(1, 3, 2)$, $Q(3, -2, 4)$　　　(2) $P(1, 1, 1)$, $Q(-1, 1, 2)$

04. 다음 각 직선의 방정식을 구하라.

(1) 직선 $l: x=3+2t,\ y=-2+3t,\ z=2-5t$에 평행하고 점 $A(1, -3, 2)$를 지나는 직선

(2) 두 점 $P(4, 0, -1)$와 $Q(-1, 3, 5)$를 지나는 직선에 평행하고 점 $A(5, 7, -3)$를 지나는 직선

(3) $A(-2, 1, 4)$를 지나 평면 $3x-y+2z=5$에 수직인 직선

05. 다음 두 직선의 교점의 좌표를 구하라.

$$l_1: x-1=\frac{y-1}{2}=\frac{z-1}{3},\ l_2: \frac{x-2}{3}=\frac{y-1}{8}=\frac{z}{13}$$

06. 두 점 $P(1,\ -1,\ 2)$, $Q(2,\ -1,\ 3)$를 지나는 직선을 l이라 하자. 점 $A(1,\ 0,\ 1)$로부터 직선 l까지의 거리를 구하라.

07. 3차원 좌표공간에 다음 평면을 그려라.

(1) $x+y+z=1$ (2) $2y+3z=6$

(3) $x-3y+3z=3$ (4) $2x-y+z=0$

08. 다음 각 평면의 방정식을 구하라.

(1) $A(-2,\ 1,\ 4)$를 지나 평면 $3x-y+2z=5$에 평행한 평면

(2) 점 $A(-2,\ 1,\ 4)$를 지나 직선 $3(x-1)=-2(y+1)=6(z-3)$에 수직인 평면

(3) 세 점 $P(-1,\ 1,\ 2)$, $Q(2,\ -1,\ 1)$, $R(1,\ 1,\ 1)$을 지나는 평면

(4) 점 $A(2,\ 1,\ -1)$와 직선 $l: 2(x-1)=y-1=2(z+2)$를 포함하는 평면

09. 직선 $l: x=1+t,\ y=-2-t,\ z=3+4t$와 평면 $\Pi: x+2y-2z=3$이 이루는 각의 크기를 구하라.

10. 평면 $\Pi: ax+by+cz=d$에 대해 Π 밖의 한 점 $X_0(x_0,\ y_0,\ z_0)$에서 Π에 내린 수선의 길이를 X_0에서 Π까지의 거리라 하고 $d(X_0,\ \Pi)$로 표기하자. 거리가 다음과 같이 주어짐을 보여라.

$$d(X_0,\ \Pi)=\frac{|ax_0+by_0+cz_0-d|}{\sqrt{a^2+b^2+c^2}}$$

11. 직선 l을 두 평면 $2x-y-3z=6,\ x+y-2z=4$의 교선이라 하자. 다음을 구하라.

(1) 직선 l의 방정식

(2) l을 품고 점 $A(1,\ 1,\ 1)$를 지나는 평면의 방정식

2.4 벡터의 외적

CALCULUS

두 벡터의 내적은 하나의 실수로 주어지는 연산이며 두 벡터 사이의 관계를 나타낸다. 내적은 두 벡터의 곱으로서 좋은 역할을 하고 있지만 벡터로서 닫혀있지는 않다. 이 절에서는 두 벡터 사이의 곱으로서 그 결과가 다시 벡터를 생성하는 외적을 소개한다.

정의 2.3 외적

3차원 공간상의 두 벡터 $\boldsymbol{a}=(a_1,\ a_2,\ a_3)$와 $\boldsymbol{b}=(b_1,\ b_2,\ b_3)$에 대해 $\boldsymbol{a}$와 $\boldsymbol{b}$의 외적을 다음과 같이 정의하고 이것을 "$\boldsymbol{a}$ cross $\boldsymbol{b}$"라고 읽는다.

$$\boldsymbol{a}\times\boldsymbol{b}=(a_2b_3-a_3b_2,\ a_3b_1-a_1b_2,\ a_1b_2-a_2b_1)$$

벡터의 외적은 $\mathbb{R}^3$의 좌표축을 따르는 단위벡터 $\boldsymbol{i}=(1,\ 0,\ 0)$, $\boldsymbol{j}=(0,\ 1,\ 0)$, $\boldsymbol{k}=(0,\ 0,\ 1)$를 이용하여 다음과 같이 행렬식으로 전환하여 해석하면 편리하다.

$$\boldsymbol{a}\times\boldsymbol{b}=\begin{vmatrix}\boldsymbol{i} & \boldsymbol{j} & \boldsymbol{k}\\ a_1 & a_2 & a_3\\ b_1 & b_2 & b_3\end{vmatrix}=\begin{vmatrix}a_2 & a_3\\ b_2 & b_3\end{vmatrix}\boldsymbol{i}+\begin{vmatrix}a_3 & a_1\\ b_3 & b_1\end{vmatrix}\boldsymbol{j}+\begin{vmatrix}a_1 & a_2\\ b_1 & b_2\end{vmatrix}\boldsymbol{k}$$

확장성을 위해 2차원 평면의 두 벡터 $\boldsymbol{a}=(a_1,\ a_2)$, $\boldsymbol{b}=(b_1,\ b_2)$의 외적은 다음과 같이 이를 3차원 공간으로 확장한 벡터의 외적으로 해석한다.

$$\boldsymbol{a}\times\boldsymbol{b}=\begin{vmatrix}\boldsymbol{i} & \boldsymbol{j} & \boldsymbol{k}\\ a_1 & a_2 & 0\\ b_1 & b_2 & 0\end{vmatrix}=\begin{vmatrix}a_1 & a_2\\ b_1 & b_2\end{vmatrix}\boldsymbol{k}=(0,\ 0,\ a_1b_2-a_2b_1)$$

외적에 관한 주요 성질을 정리하면 다음과 같다.

정리 2.6

$\boldsymbol{a}$, $\boldsymbol{b}$, $\boldsymbol{c}$가 영벡터가 아닌 3차원 벡터일 때 외적에 대해 다음 사실이 성립한다.

(1) $\boldsymbol{a}\times\boldsymbol{b}=-\boldsymbol{b}\times\boldsymbol{a}$ (반대칭성)

(2) $\boldsymbol{a}\times(\boldsymbol{b}+\boldsymbol{c})=\boldsymbol{a}\times\boldsymbol{b}+\boldsymbol{a}\times\boldsymbol{c}$ (분배법칙)

(3) $k(\boldsymbol{a}\times\boldsymbol{b})=(k\boldsymbol{a})\times\boldsymbol{b}=\boldsymbol{a}\times(k\boldsymbol{b})$ (동차성)

(4) $\boldsymbol{a}\times\boldsymbol{b}$는 $\boldsymbol{a}$와 $\boldsymbol{b}$에 수직이다. (수직성)

(5) $\boldsymbol{a}\times(\boldsymbol{b}\times\boldsymbol{c})=(\boldsymbol{a}\cdot\boldsymbol{c})\boldsymbol{b}-(\boldsymbol{a}\cdot\boldsymbol{b})\boldsymbol{c}$ (벡터 삼중적)

(6) $\|\boldsymbol{a}\times\boldsymbol{b}\|^2=\|\boldsymbol{a}\|^2\|\boldsymbol{b}\|^2-(\boldsymbol{a}\cdot\boldsymbol{b})^2$ (라그랑주 항등식)

(7) $\boldsymbol{a}\times\boldsymbol{b}=\boldsymbol{0} \Leftrightarrow \boldsymbol{a}//\boldsymbol{b}$ (평행성)

증명 (1), (2), (3)은 외적의 정의로부터 직접 유도되며 독자에게 연습문제로 남긴다.

(4) 성분별로 계산하면

$$\boldsymbol{a}\cdot(\boldsymbol{a}\times\boldsymbol{b})=a_1(a_2b_3-a_3b_2)+a_2(a_3b_1-a_1b_3)+a_3(a_1b_2-a_2b_1)=0$$

이고, 이 결과와 (1)을 이용해서

$$\boldsymbol{b}\cdot(\boldsymbol{a}\times\boldsymbol{b})=\boldsymbol{b}\cdot(-(\boldsymbol{b}\times\boldsymbol{a}))=-\boldsymbol{b}\cdot(\boldsymbol{b}\times\boldsymbol{a})=0$$

를 얻는다.

(5) 좌변의 첫 번째 성분은

$$\begin{aligned}&a_2(b_1c_2-b_2c_1)-a_3(b_3c_1-b_1c_3)\\&=(a_2c_2+a_3c_3)b_1-(a_2b_2+a_3b_3)c_1\\&=(a_1c_1+a_2c_2+a_3c_3)b_1-(a_1b_1+a_2b_2+a_3b_3)c_1\\&=(\boldsymbol{a}\cdot\boldsymbol{c})b_1-(\boldsymbol{a}\cdot\boldsymbol{b})c_1\end{aligned}$$

이 되어 우변의 첫 번째 성분과 일치한다. 마찬가지로 둘째, 셋째 성분에 대해서도 등식이 성립한다.

(6) 양변을 각각 계산하면

$$\|\boldsymbol{a}\times\boldsymbol{b}\|^2=(a_2b_3-a_3b_2)^2+(a_3b_1-a_1b_3)^2+(a_1b_2-a_2b_1)^2$$

이고 이것을

$$\begin{aligned}&\|\boldsymbol{a}\|^2\|\boldsymbol{b}\|^2-(\boldsymbol{a}\cdot\boldsymbol{b})^2\\&=(a_1^2+a_2^2+a_3^2)(b_1^2+b_2^2+b_3^2)-(a_1b_1+a_2b_2+a_3b_3)^2\end{aligned}$$

과 비교하면 양자가 서로 일치한다.

(7) $\boldsymbol{a}\times\boldsymbol{b}=\boldsymbol{0}$이면 (6)으로부터

$$\|\boldsymbol{a}\|^2\|\boldsymbol{b}\|^2=(\boldsymbol{a}\cdot\boldsymbol{b})^2=|\boldsymbol{a}\cdot\boldsymbol{b}|^2$$

이 되어 $\boldsymbol{a}$와 $\boldsymbol{b}$가 이루는 각이 0, 또는 π이므로 $\boldsymbol{a}$와 $\boldsymbol{b}$는 서로 평행하다. 역으로 $\boldsymbol{a}$와 $\boldsymbol{b}$가 서로 평행하다면 적당한 스칼라 k에 대해 $\boldsymbol{b}=k\boldsymbol{a}$이므로

$$\boldsymbol{a}\times\boldsymbol{b}=\boldsymbol{a}\times(k\boldsymbol{a})=k(\boldsymbol{a}\times\boldsymbol{a})=\boldsymbol{0}$$

이다. 모든 벡터 $\boldsymbol{a}$에 대해 $\boldsymbol{a}\times\boldsymbol{a}=\boldsymbol{0}$임은 (1)의 직접적인 결과이다. ◆

라그랑주 항등식 (6)으로부터 $\boldsymbol{a}$와 $\boldsymbol{b}$의 사잇각 θ에 대해

$$\begin{aligned}\|\boldsymbol{a}\times\boldsymbol{b}\|^2&=\|\boldsymbol{a}\|^2\|\boldsymbol{b}\|^2-(\|\boldsymbol{a}\|\|\boldsymbol{b}\|\cos\theta)^2\\&=\|\boldsymbol{a}\|^2\|\boldsymbol{b}\|^2|\sin\theta|^2\end{aligned}$$

로부터 두 벡터의 외적의 크기는

$$\|\boldsymbol{a}\times\boldsymbol{b}\|=\|\boldsymbol{a}\|\|\boldsymbol{b}\||\sin\theta|,\ (\theta=\measuredangle(\boldsymbol{a},\ \boldsymbol{b}))$$

로 주어진다. 따라서 $\|\boldsymbol{a}\times\boldsymbol{b}\|$는 $\boldsymbol{a}$와 $\boldsymbol{b}$를 변으로 하는 평행사변형의 넓이와 같다.

또한 (4)에 의해 $\boldsymbol{a}\times\boldsymbol{b}$는 $\boldsymbol{a}$와 $\boldsymbol{b}$에 수직인 방향으로 작용하는 벡터이다. $\boldsymbol{a}$와 $\boldsymbol{b}$가 서로 평행한 벡터가 아니라면 $\boldsymbol{a}$와 $\boldsymbol{b}$는 하나의 평면을 결정하는데 그 평면에 수직인 두 개의 방향이 있으므로 외적의 방향을 결정하기 위해 $\mathbb{R}^3$의 표준기저 $\boldsymbol{i}$, $\boldsymbol{j}$, $\boldsymbol{k}$에 적용한 외적을 살펴보면

$$\boldsymbol{i}\times\boldsymbol{j}=\boldsymbol{k},\ \boldsymbol{j}\times\boldsymbol{k}=\boldsymbol{i},\ \boldsymbol{k}\times\boldsymbol{i}=\boldsymbol{j}$$

이다. 이러한 관측으로부터 $\boldsymbol{a}\times\boldsymbol{b}$는 $\boldsymbol{a}$와 $\boldsymbol{b}$가 이루는 평면에 수직인 오른나사 방향으로 작용하는 벡터임을 알 수 있다. 따라서 [그림 2.11]에서와 같이 $\boldsymbol{a}$와 $\boldsymbol{b}$가 이루는 평면에 수직으로 오른나사 방향으로 향하는 단위벡터를 $\boldsymbol{e}$라고 하면 두 벡터의 외적은 두 벡터를

변으로 갖는 평행사변형의 넓이를 크기로 하고 $\boldsymbol{e}$로 진행하는 벡터

$$\boldsymbol{a}\times \boldsymbol{b} = \|\boldsymbol{a}\|\,\|\boldsymbol{b}\|\,|\sin\theta|\,\boldsymbol{e},\ (\theta = \measuredangle\,(\boldsymbol{a},\ \boldsymbol{b}))$$

로 주어진다.

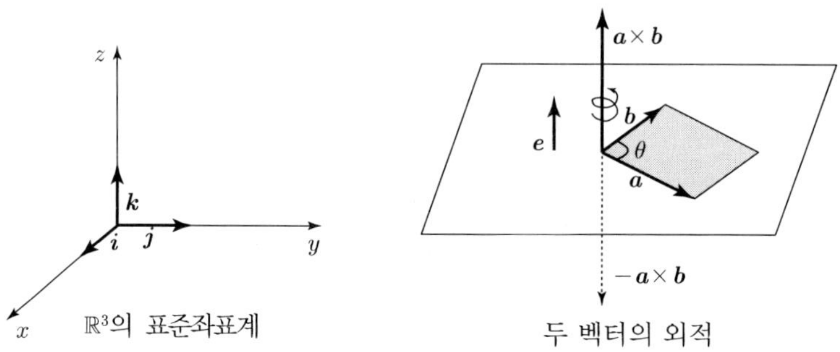

$\mathbb{R}^3$의 표준좌표계　　　　두 벡터의 외적

[그림 2.11] 외적의 진행방향

예제 2.13 $\boldsymbol{a} = -2\boldsymbol{i} + \boldsymbol{j} + 3\boldsymbol{k}$, $\boldsymbol{b} = 3\boldsymbol{i} - 5\boldsymbol{k}$일 때 $\boldsymbol{a}$와 $\boldsymbol{b}$를 두 변으로 하는 평행사변형의 면적을 구하라.

풀이

$$\boldsymbol{a}\times\boldsymbol{b} = \begin{vmatrix} \boldsymbol{i} & \boldsymbol{j} & \boldsymbol{k} \\ -2 & 1 & -3 \\ 3 & 0 & 5 \end{vmatrix} = \begin{vmatrix} 1 & -3 \\ 0 & 5 \end{vmatrix}\boldsymbol{i} + \begin{vmatrix} -3 & -2 \\ 5 & 3 \end{vmatrix}\boldsymbol{j} + \begin{vmatrix} -2 & 1 \\ 3 & 0 \end{vmatrix}\boldsymbol{k} = 5\boldsymbol{i} + \boldsymbol{j} - 3\boldsymbol{k}$$

이므로 구하는 평행사변형의 면적은

$$\|\boldsymbol{a}\times\boldsymbol{b}\| = \sqrt{5^2 + 1^2 + (-3)^2} = \sqrt{35}$$

이다. ◆

벡터의 외적을 써서 서로 평행하지 않은 두 벡터에 수직으로 향하는 벡터를 생성할 수 있다. 이러한 성질을 이용하면 한 직선상에 놓이지 않은 세 점을 지나는 평면의 방정식을 쉽게 유도할 수 있다. 한 직선상에 있지 않은 세 점 P, Q, R을 지나는 평면은 $\overrightarrow{PQ}\times\overrightarrow{PR}$이 평면에 수직인 벡터이므로 P를 지나 $\overrightarrow{PQ}\times\overrightarrow{PR}$에 수직인 평면과 일치한다. 따라서 구하는 평면의 방정식은 X를 평면상의 임의의 점이라 할 때

$$\overrightarrow{PX}\cdot(\overrightarrow{PQ}\times\overrightarrow{PR}) = 0$$

으로 주어진다.

예제 2.14 세 점 $P(1,\ 2,\ -2)$, $Q(2,\ 1,\ -1)$, $R(1,\ -1,\ 6)$을 지나는 평면의 방정식을 구하라.

풀이 평면상의 임의의 점을 $X(x,\ y,\ z)$라 하면

$$\overrightarrow{PQ}\times\overrightarrow{PR}=(1,\ -1,\ 1)\times(0,\ -3,\ 8)=(-5,\ -8,\ -3)$$

이므로 평면의 방정식은 $\overrightarrow{PX}\cdot(\overrightarrow{PQ}\times\overrightarrow{PR})=0$으로부터

$$5(x-1)+8(y-2)+3(z+2)=0,\ 5x+8y+3z=15$$

이다. ◆

연습문제 2.4

01. $\boldsymbol{a}=(0,\ -2,\ 3)$, $\boldsymbol{b}=(-3,\ 1,\ 4)$, $\boldsymbol{c}=(2,\ -1,\ 0)$에 대해 다음을 구하라.

(1) $\boldsymbol{a}\times\boldsymbol{b}$
(2) $\boldsymbol{a}\times\boldsymbol{c}$
(3) $\boldsymbol{b}\times\boldsymbol{c}$
(4) $\boldsymbol{a}\cdot(\boldsymbol{b}\times\boldsymbol{c})$
(5) $\boldsymbol{a}\times(\boldsymbol{b}\times\boldsymbol{c})$
(6) $(\boldsymbol{a}\times\boldsymbol{b})\times\boldsymbol{c}$

02. 세 점 $P(0,\ 3,\ -1)$, $Q(3,\ -4,\ 1)$, $R(1,\ -1,\ 2)$을 지나는 평면의 방정식과 $\triangle PQR$의 면적을 구하라.

03. 영이 아닌 3차원의 두 벡터 $\boldsymbol{a}$와 $\boldsymbol{b}$에 대해서 $\|\boldsymbol{a}\times\boldsymbol{b}\|=\|\boldsymbol{a}\|\|\boldsymbol{b}\|$가 성립할 필요충분조건은 $\boldsymbol{a}\cdot\boldsymbol{b}=0$임을 보여라.

04. l을 3차원 공간상의 두 점 P, Q를 지나는 직선이라 하자. 직선 밖의 한 점 A로부터 직선까지의 거리 $d(A, l)$이 다음과 같이 주어짐을 보여라.

$$d(A,\ l)=\frac{\|\overrightarrow{AP}\times\overrightarrow{PQ}\|}{\|\overrightarrow{PQ}\|}$$

05. 세 점 $P(1,\ 1,\ -1)$, $Q(2,\ -1,\ -2)$, $R(3,\ 1,\ 1)$은 한 평면을 결정한다. 다음을 구하라.

(1) 평면에 수직인 단위벡터

(2) 평면의 방정식

(3) 원점으로부터 평면까지의 거리

06. 외적을 이용해서 두 평면 Π_1과 Π_2의 교선의 방정식을 구하라.

(1) $\Pi_1 : 2x-3y+5z=4,\ \Pi_2 : x+y+z=1$

(2) $\Pi_1 : -4x+y-3z=2,\ \Pi_2 : 2x-y-3z=4$

07. 벡터 $\boldsymbol{u}=(2,\ -3,\ 1)$에 수직이고 평면 $5x-y+2z=1$에 평행한 단위벡터를 구하라.

08. $\boldsymbol{i}-\boldsymbol{j}+\boldsymbol{k}$와 $-\boldsymbol{i}+2\boldsymbol{k}$에 평행하며 y축을 끊는 점이 $(0,\ -1,\ 0)$인 평면을 구하라.

09. 임의의 벡터 $\boldsymbol{a}$를 단위벡터 $\boldsymbol{e}$에 평행한 성분과 수직인 성분으로 분해하면

$$\boldsymbol{a}=(\boldsymbol{a}\cdot\boldsymbol{e})\boldsymbol{e}+\boldsymbol{e}\times(\boldsymbol{a}\times\boldsymbol{e})$$

로 주어짐을 보여라.

10. 영이 아닌 세 벡터 $\boldsymbol{a}$, $\boldsymbol{b}$, $\boldsymbol{c}$에 대해서 $\boldsymbol{a}$, $\boldsymbol{b}$와 $\boldsymbol{c}$를 각 변으로 하는 평행육면체의 체적은 $|\boldsymbol{a}\cdot(\boldsymbol{b}\times\boldsymbol{c})|$로 주어짐을 보여라. 또한 이를 이용해서 $\boldsymbol{i}+\boldsymbol{j}$, $\boldsymbol{j}+\boldsymbol{k}$, $\boldsymbol{k}+\boldsymbol{i}$를 세 변으로 하는 평행육면체의 체적을 구하라.

2.5 벡터함수와 곡선

CALCULUS

n차원 공간에서 어떤 입자가 시간 t에 따라 연속적으로 움직이면 그 궤적은 하나의 곡선 C를 그린다. 곡선 C를 나타내기 위해 시간 t가 변하는 구간을 I라 하고 시간 t에서 입자의 위치벡터를 $\boldsymbol{r}=(x_1,\ x_2,\ \cdots,\ x_n)$이라 하면 각 성분 $x_1,\ x_2,\ \cdots,\ x_n$은 t의 함수로 주어지므로 $x_1=x_1(t),\ x_2=x_2(t),\ \cdots,\ x_n=x_n(t)$로 표시된다. 따라서 t에서 입자가 그리는 곡선 C상의 위치벡터를

$$\boldsymbol{r}=\boldsymbol{r}(t)=(x_1(t),\ x_2(t),\ \cdots,\ x_n(t)),\ (t\in I)$$

로 표현할 수 있다. 이와 같이 함수값이 벡터로 주어지는 함수를 **벡터함수**라고 하며, 이에 대응하는 개념으로 일반적인 실함수를 **스칼라함수**라고 한다. 일반적으로 C가 $\mathbb{R}^n$에서 정의된 곡선일 때 C를 흔히 벡터함수 $\boldsymbol{r}: I\to\mathbb{R}^n$으로 생각하며 이때 $\boldsymbol{r}=\boldsymbol{r}(t)$를 **곡선의 벡터방정식**, 또는 **곡선의 매개변수방정식**이라고 하고, t를 C에 대한 매개변수라고 한다. 예를 들어 점 $A(a_1,\ a_2,\ \cdots,\ a_n)$를 지나 $\boldsymbol{u}=(u_1,\ u_2,\ \cdots,\ u_n)$에 평행한 직선은 점 A의 위치벡터 $\boldsymbol{a}$에 대해서 벡터함수 $\boldsymbol{r}(t)=\boldsymbol{a}+t\boldsymbol{u},\ (t\in\mathbb{R})$로 주어진다.

벡터함수는 공간곡선의 주요한 특성을 조사하거나 여러 공학 및 역학적인 문제를 해결하는 수단으로 자주 활용된다. 이 절에서는 벡터함수로 표현되는 곡선의 주요 미분적인 특성을 살펴보기로 한다.

예제 2.15 타원 $\dfrac{x^2}{a^2}+\dfrac{y^2}{b^2}=1$의 매개변수방정식을 구하라.

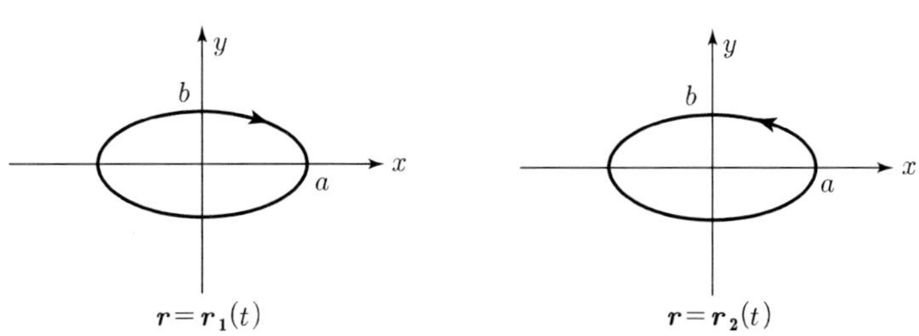

[그림 2.12] 매개변수방정식에 따른 타원

풀이 $\cos^2 t + \sin^2 t = 1$인 삼각함수의 항등식을 이용하기 위해

$$\frac{x}{a} = \cos t, \ \frac{y}{b} = \sin t$$

로 두면 t가 0에서 2π까지 진행할 때

$$\boldsymbol{r}_1(t) = (a\cos t, \ b\sin t), \ (0 \le t \le 2\pi)$$

는 [그림 2.12]와 같이 x축의 양의 절편 $(a, 0)$에서 출발하여 타원 주위를 시계반대방향으로 일주한다. 한편 위에서 t를 $\frac{\pi}{2} - t$로 치환하면

$$x = a\cos\left(\frac{\pi}{2} - t\right) = a\sin t, \ y = a\sin\left(\frac{\pi}{2} - t\right) = a\cos t$$

이고

$$\boldsymbol{r}_2(t) = (a\sin t, \ b\cos t), \ (0 \le t \le 2\pi)$$

는 y축의 양의 절편 $(0, b)$에서 출발하여 시계방향으로 타원 위를 일주하는 곡선을 나타낸다. ◆

예제 6.16 [그림 2.13]과 같이 반지름이 a인 원기둥을 감아나가는 곡선을 **원형나선**(circular helix)이라고 하고 기둥을 한 바퀴 감아 올라가는 높이를 **피치**(pitch)라고 한다. $a, b > 0$에 대해서 반지름이 a이고 피치가 $2\pi b$인 원형나선에 대한 벡터방정식을 구하라.

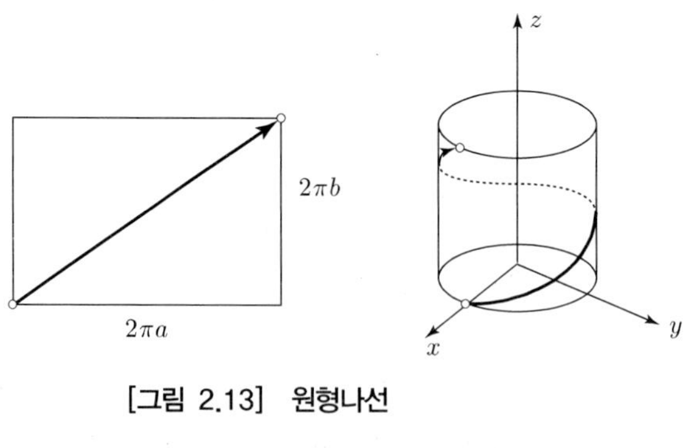

[그림 2.13] 원형나선

풀이 원형나선이 xy평면을 끊는 점이 $(a,\ 0,\ 0)$이고 xy평면에 투영하면 반지름이 a인 원을 나타내므로 $x,\ y$는 원의 매개변수방정식

$$x = a\cos t,\ y = a\sin t$$

으로 두고, z를 $0 \le t \le 2\pi$일 때 피치가 z축으로 $2\pi b$만큼 상승하도록 설정하면 $z = bt$이다. 따라서 원형나선의 벡터방정식은

$$\boldsymbol{r}(t) = (x(t),\ y(t),\ z(t)) = (a\cos t,\ a\sin t,\ bt),\ (0 \le t \le 2\pi)$$

이다. ◆

곡선 C가 벡터함수 $\boldsymbol{r} = \boldsymbol{r}(t)$로 주어질 때 이를 $C : \boldsymbol{r} = \boldsymbol{r}(t)$로 표기하기로 하자. $\boldsymbol{r} = \boldsymbol{r}(t)$의 각 성분함수가 미분가능하면 $\boldsymbol{r}$을 **미분가능한 벡터함수**라고 하고 C를 **원활한 곡선**이라고 한다. 이제 t에서의 뉴턴상 $\dfrac{\boldsymbol{r}(t+h) - \boldsymbol{r}(t)}{h}$은 [그림 2.14]와 같이 $\boldsymbol{r}(t)$와 $\boldsymbol{r}(t+h)$의 종점을 연결하는 벡터에 평행하고 h를 0으로 보낼 때 뉴턴상은 $\boldsymbol{r}(t)$에서 곡선 C에 접하는 접선벡터로 수렴한다. 따라서 점 $\boldsymbol{r}(t)$에서의 **접선벡터**(tangent vector)는 뉴턴상의 극한

$$\lim_{h \to 0} \frac{\boldsymbol{r}(t+h) - \boldsymbol{r}(t)}{h} = \boldsymbol{r}'(t)$$

로 주어진다.

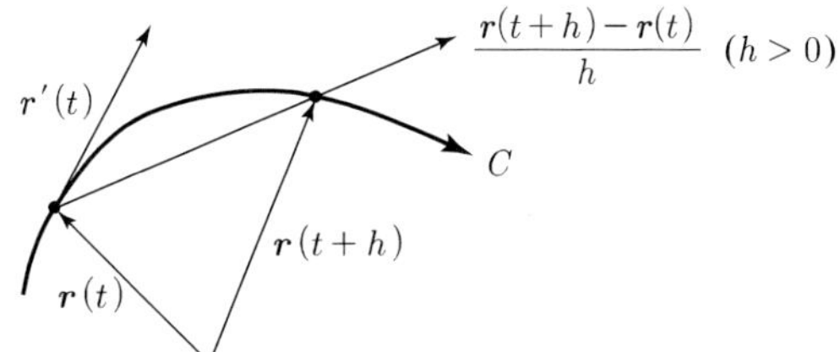

[그림 2.14] 뉴턴상과 접선벡터

$\boldsymbol{r}'(t)$가 영벡터가 아닌 경우 곡선상의 점 $\boldsymbol{r}(t)$를 지나 접선벡터 $\boldsymbol{r}'(t)$에 평행한 직선을 점 $\boldsymbol{r}(t)$에서 곡선 C에 접하는 **접선**(tangent line)이라고 한다. 곡선 $C : \boldsymbol{r} = \boldsymbol{r}(t),\ (t \in I)$

는 I의 모든 점에서 $\boldsymbol{r}'(t) \neq 0$이면 **정규곡선**(regular curve)이라고 한다. $C: \boldsymbol{r} = \boldsymbol{r}(t)$가 정규곡선일 때 한 점 $\boldsymbol{r}(t_0)$에서 C에 대한 접선의 방정식은 그 접선상의 임의의 위치벡터를 $\boldsymbol{x}$라 할 때

$$\boldsymbol{x} = \boldsymbol{r}(t_0) + t\boldsymbol{r}'(t_0)$$

로 주어진다.

예제 2.17 곡선 $C: \boldsymbol{r}(t) = (4\sin t,\ 3\cos t),\ (0 \leq t \leq 2\pi)$에 대해 $t = \frac{\pi}{6}$일 때 C에 대한 접선의 방정식을 구하라.

풀이 접점의 위치벡터는

$$\boldsymbol{r}\left(\frac{\pi}{6}\right) = \left(4\sin\frac{\pi}{6},\ 3\cos\frac{\pi}{6}\right) = \left(2,\ \frac{3\sqrt{3}}{2}\right)$$

이고 접점에서의 접선벡터는

$$\mathrm{r}'\left(\frac{\pi}{6}\right) = \left(4\cos\frac{\pi}{6},\ -3\sin\frac{\pi}{6}\right) = \left(2\sqrt{3},\ -\frac{3}{2}\right)$$

이므로 구하는 접선의 방정식은

$$\begin{aligned}\boldsymbol{x} &= \boldsymbol{r}\left(\frac{\pi}{6}\right) + t\boldsymbol{r}'\left(\frac{\pi}{6}\right) \\ &= \left(2 + 2\sqrt{3}\,t,\ \frac{3\sqrt{3}}{2} - \frac{3}{2}t\right),\ (t \in \mathbb{R})\end{aligned}$$

◆

벡터함수는 함수값이 벡터이므로 내적과 외적 등 모든 벡터연산을 적용할 수 있다.

이제 벡터함수 $\boldsymbol{r}_1, \boldsymbol{r}_2: I \to \mathbb{R}^n$이 주어지고 스칼라함수 $f: I \to \mathbb{R}$이 정의되어 있다면

$$(\boldsymbol{r}_1 + \boldsymbol{r}_2)(t) = \boldsymbol{r}_1(t) + \boldsymbol{r}_2(t),$$
$$(f\boldsymbol{r}_1)(t) = f(t)\boldsymbol{r}_1(t)$$

에 의해서 새로운 벡터함수 $\boldsymbol{r}_1 + \boldsymbol{r}_2$와 $f\boldsymbol{r}_1$이 구간 I상에서 잘 정의된다. 또한 두 벡터함

수의 내적을 통해서

$$(\boldsymbol{r}_1 \cdot \boldsymbol{r}_2)(t) = \boldsymbol{r}_1(t) \cdot \boldsymbol{r}_2(t)$$

로 정의되는 스칼라함수 $\boldsymbol{r}_1 \cdot \boldsymbol{r}_2$를 구성할 수 있다.

특히 $\boldsymbol{r}_1,\ \boldsymbol{r}_2 : I \to \mathbb{R}^3$가 $\boldsymbol{r}_1(t) = (x_1(t),\ x_2(t),\ x_3(t)),\quad \boldsymbol{r}_2(t) = (y_1(t),\ y_2(t),\ y_3(t))$일 때 외적을 통해서

$$\begin{aligned}(\boldsymbol{r}_1 \times \boldsymbol{r}_2)(t) &= \boldsymbol{r}_1(t) \times \boldsymbol{r}_2(t) \\ &= \begin{vmatrix} \boldsymbol{i} & \boldsymbol{j} & \boldsymbol{k} \\ x_1(t) & x_2(t) & x_3(t) \\ y_1(t) & y_2(t) & y_3(t) \end{vmatrix}\end{aligned}$$

로 정의되는 새로운 벡터함수 $\boldsymbol{r}_1 \times \boldsymbol{r}_2 : I \to \mathbb{R}^3$를 구성할 수 있다.

이제 $\boldsymbol{r}_1,\ \boldsymbol{r}_2$와 스칼라함수 f가 각 구간 I에서 미분가능하다면 각 성분함수의 미분을 통해서 다음을 쉽게 보일 수 있다. 증명은 연습문제로 남긴다.

정리 2.7

벡터함수 $\boldsymbol{r}_1,\ \boldsymbol{r}_2 : I \to \mathbb{R}^n$과 스칼라함수 $f : I \to \mathbb{R}$이 미분가능하면 $\boldsymbol{r}_1 + \boldsymbol{r}_2$, $f\boldsymbol{r}_1$, $\boldsymbol{r}_1 \cdot \boldsymbol{r}_2$도 I에서 미분가능하며 미분에 대해 다음이 성립한다.

(1) $(\boldsymbol{r}_1 + \boldsymbol{r}_2)'(t) = \boldsymbol{r}_1{}'(t) + \boldsymbol{r}_2{}'(t)$

(2) $(f\boldsymbol{r}_1)'(t) = f'(t)\boldsymbol{r}_1(t) + f(t)\boldsymbol{r}_1{}'(t)$

(3) $(\boldsymbol{r}_1 \cdot \boldsymbol{r}_2)'(t) = \boldsymbol{r}_1{}'(t) \cdot \boldsymbol{r}_2(t) + \boldsymbol{r}_1(t) \cdot \boldsymbol{r}_2{}'(t)$

또한 $n = 3$인 경우 외적의 미분도 유사한 성질을 갖는다.

(4) $(\boldsymbol{r}_1 \times \boldsymbol{r}_2)'(t) = \boldsymbol{r}_1{}'(t) \times \boldsymbol{r}_2(t) + \boldsymbol{r}_1(t) \times \boldsymbol{r}_2{}'(t)$

예제 2.18 원의 접선은 접점으로부터 원의 중심을 잇는 선과 수직을 이룸을 보여라.

풀이 A의 위치벡터를 $\boldsymbol{a}$라 하자. A에 중심을 두고 반지름이 c인 원의 방정식은 $\|\boldsymbol{r}(t) - \boldsymbol{a}\| = c$로 주어진다.

$$\|\boldsymbol{r}(t)-\boldsymbol{a}\|^2=(\boldsymbol{r}(t)-\boldsymbol{a})\cdot(\boldsymbol{r}(t)-\boldsymbol{a})=c^2$$

이므로 이 식의 양변을 t에 대해 미분하면

$$\boldsymbol{r}'(t)\cdot(\boldsymbol{r}(t)-\boldsymbol{a})=0$$

이 되어 원의 접선벡터는 위치벡터 $\overrightarrow{AX}=\boldsymbol{r}(t)-\boldsymbol{a}$에 수직을 이룬다. ◆

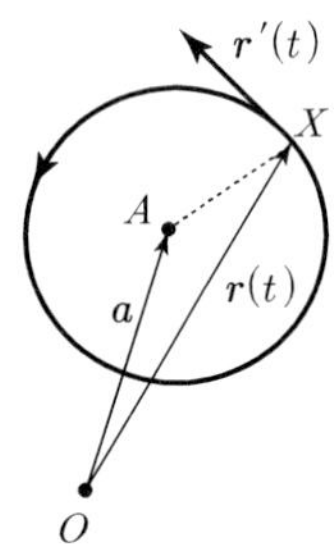

[그림 2.15] 원의 접선벡터

곡선 $C: \boldsymbol{r}=\boldsymbol{r}(t)$를 시간 t에 따른 질점 X의 운동경로로 생각하면 $\boldsymbol{r}'(t)$는 질점 X의 속도를 나타내고 $\boldsymbol{r}''(t)$는 속도의 변위인 가속도를 나타낸다. 시간 t에서 질점 X의 속도와 가속도를 각각 $\boldsymbol{v}(t)$와 $\boldsymbol{a}(t)$라고 하면

$$\boldsymbol{v}(t)=\boldsymbol{r}'(t),\ \boldsymbol{a}(t)=\boldsymbol{v}'(t)=\boldsymbol{r}''(t)$$

이다. 속도 $\boldsymbol{v}(t)$의 크기를 속력이라고 하며, 속력을

$$v(t)=\|\boldsymbol{v}(t)\|=\|\boldsymbol{r}'(t)\|$$

로 표기한다.

예제 2.19 평면에서 점 X가 일정한 속력 v로 반지름이 r인 원을 따라 시계반대방향으로 움직일 때 가속도는 X로부터 원의 중심으로 향하고, 그 크기가 일정한 $\dfrac{v^2}{r}$으로 주어짐을 보여라.

풀이 점 X가 원 위를 시계반대방향으로 일정한 속력 v로 움직인다는 것은 단위 시간당 X의 변위각도 θ가 일정한 상수 ω와 같다는 것을 뜻한다. (이러한

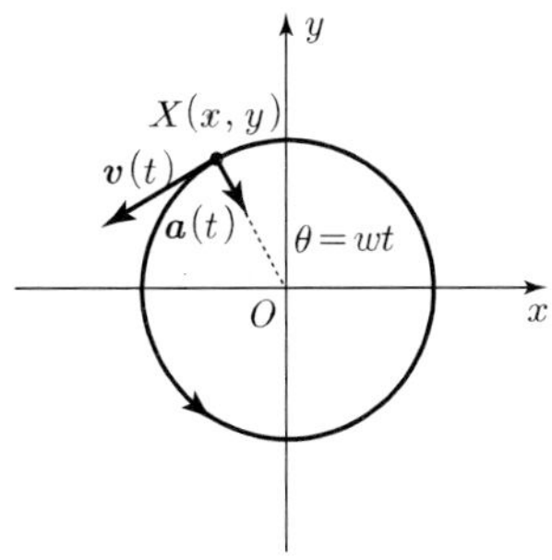

[그림 2.16] 원운동

ω를 X의 **각속도**라고 한다.) 따라서 $\dfrac{d\theta}{dt}=\omega$이고 $t=0$일 때 $\theta=0$으로 두면 $\theta=\omega t$이므로 점 $X(x,\ y)$의 위치의 좌표는

$$\begin{cases} x = r\cos\theta = r\cos\omega t \\ y = r\sin\theta = r\sin\omega t \end{cases}$$

이고 점 X의 운동은 벡터함수

$$\boldsymbol{r} = \boldsymbol{r}(t) = (r\cos\omega t,\ r\sin\omega t)$$

로 주어진다. 따라서 이 운동의 속도와 가속도는 각각

$$\boldsymbol{v}(t) = \boldsymbol{r}'(t) = (-\omega r\sin\omega t,\ \omega r\cos\omega t),$$
$$\boldsymbol{a}(t) = \boldsymbol{v}'(t) = (-\omega^2 r\cos\omega t,\ -\omega^2 r\sin\omega t) = -\omega^2\boldsymbol{r}(t)$$

이고, 가속도 $\boldsymbol{a}(t)$의 방향은 점 X의 위치벡터 $\boldsymbol{r}(t)$와 반대방향, 즉 원의 중심을 향하고 가속도의 크기는

$$\|\boldsymbol{a}(t)\| = \|-\omega^2\boldsymbol{r}(t)\| = \omega^2 r(\text{상수})$$

로 주어진다. 이 원운동의 속력은 $v(t)=\|\boldsymbol{v}(t)\|=\omega r$이므로 $\omega=\dfrac{v}{r}$이고 이것을 $\|\boldsymbol{a}(t)\|=\omega^2 r$에 대입하면 $\|\boldsymbol{a}(t)\|=\dfrac{v^2}{r}$이다. ◆

원을 따른 회전운동에서 가속도 $\boldsymbol{a}(t)$는 원의 중심을 향하므로 이를 흔히 **구심가속도**라 하고 그 크기 $\|\boldsymbol{a}(t)\|$를 **구심력**이라고 한다. 구심력 $\|\boldsymbol{a}(t)\|=\dfrac{v^2}{r}$은 속력 v가 크거나 반

지름 r이 작을 때 증가한다.

이제 벡터함수로 표현되는 원활한 곡선의 특성을 살펴보자. 곡선 $C: \boldsymbol{r}=\boldsymbol{r}(t)$가 정규곡선이면 **단위접선벡터**(unit tangent vector)는

$$\boldsymbol{T}(t)=\frac{\boldsymbol{r}'(t)}{\|\boldsymbol{r}'(t)\|}=\frac{\boldsymbol{v}(t)}{v(t)}$$

로 주어진다. $\|\boldsymbol{T}(t)\|^2=\boldsymbol{T}(t)\cdot\boldsymbol{T}(t)=1$이므로 양변을 t에 관해 미분하면

$$\boldsymbol{T}'(t)\cdot\boldsymbol{T}(t)=0$$

이 된다. 따라서 $\boldsymbol{T}'(t)$는 접선벡터 $\boldsymbol{T}(t)$에 수직인 벡터이다. $\boldsymbol{T}'(t)$가 영벡터가 아닐 때 $\boldsymbol{T}'(t)$ 방향의 단위벡터

$$\boldsymbol{N}(t)=\frac{\boldsymbol{T}'(t)}{\|\boldsymbol{T}'(t)\|}$$

를 **주단위법선벡터**(principal unit normal vector)라 하고, $\boldsymbol{T}(t)$와 $\boldsymbol{N}(t)$에 의해 생성되는 평면을 곡선에 대한 **접촉평면**(osculating plane)이라고 한다.

곡선 C가 원활한 정규곡선이면 $\boldsymbol{T}(t)$와 $\boldsymbol{N}(t)$는 곡선을 따라 연속적으로 움직이는 서로 수직인 벡터이다. 이때 $t=t_0$에서의 접촉평면은 곡선상의 점 $\boldsymbol{r}(t_0)$를 지나고 $\boldsymbol{T}(t_0)\times\boldsymbol{N}(t_0)$가 접촉평면과 수직을 이루는 법선벡터이므로 평면상의 임의의 점 X에 대한 위치벡터를 $\boldsymbol{x}$라 하면 접촉평면의 방정식은

$$(\boldsymbol{x}-\boldsymbol{r}(t_0))\cdot\boldsymbol{T}(t_0)\times\boldsymbol{N}(t_0)=0$$

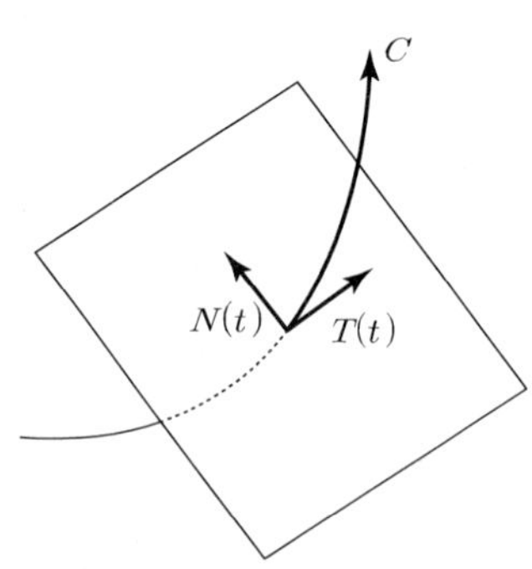

[그림 2.17] 단위접선벡터, 주단위법선벡터, 접촉평면

으로 주어진다.

예제 2.20 원형나선 $C: \boldsymbol{r}(t) = (3\cos t,\ 3\sin t,\ 4t)$에 대해서 $\boldsymbol{T}(t)$, $\boldsymbol{N}(t)$를 구하고 $t = \frac{\pi}{2}$에서 C에 대한 접촉평면의 방정식을 구하라.

풀이 $\boldsymbol{r}'(t) = (-3\sin t,\ 3\cos t,\ 4)$이고 $\|\boldsymbol{r}'(t)\| = \sqrt{3^2+4^2} = 5$이므로

$$\boldsymbol{T}(t) = \frac{\boldsymbol{r}'(t)}{\|\boldsymbol{r}'(t)\|} = \left(-\frac{3}{5}\sin t,\ \frac{3}{5}\cos t,\ \frac{4}{5}\right)$$

이다. 이것을 다시 t에 대해 미분하면 $\boldsymbol{T}'(t) = \left(-\frac{3}{5}\cos t,\ -\frac{3}{5}\sin t,\ 0\right)$이고 $\|\boldsymbol{T}'(t)\| = \frac{3}{5}$이므로 주단위법선벡터는

$$\boldsymbol{N}(t) = \frac{\boldsymbol{T}'(t)}{\|\boldsymbol{T}'(t)\|} = (-\cos t,\ -\sin t,\ 0)$$

이다. $t = \frac{\pi}{2}$에서 접촉평면을 구하기 위해 $\boldsymbol{T}\left(\frac{\pi}{2}\right)$와 $\boldsymbol{N}\left(\frac{\pi}{2}\right)$를 계산하면

$$\boldsymbol{T}\left(\frac{\pi}{2}\right) = \left(-\frac{3}{5},\ 0,\ \frac{4}{5}\right),\ \boldsymbol{N}\left(\frac{\pi}{2}\right) = (0,\ -1,\ 0),$$
$$\boldsymbol{T}\left(\frac{\pi}{2}\right) \times \boldsymbol{N}\left(\frac{\pi}{2}\right) = \left(\frac{4}{5},\ 0,\ \frac{3}{5}\right)$$

이므로 점 $\boldsymbol{r}\left(\frac{\pi}{2}\right) = (0,\ 3,\ 2\pi)$에서의 접촉평면은 평면상의 임의의 위치벡터를 $\boldsymbol{x} = (x,\ y,\ z)$라 할 때

$$\begin{aligned} 0 &= \left(\boldsymbol{x} - \boldsymbol{r}\left(\frac{\pi}{2}\right)\right) \cdot \boldsymbol{T}\left(\frac{\pi}{2}\right) \times \boldsymbol{N}\left(\frac{\pi}{2}\right) \\ &= (x,\ y-3,\ z-2\pi) \cdot \left(\frac{4}{5},\ 0,\ \frac{3}{5}\right) \\ &= \frac{4}{5}x + \frac{3}{5}(z-2\pi) \end{aligned}$$

가 된다. 이것을 간단히 $4x + 3(z-2\pi) = 0$으로 쓸 수 있다. ◆

정리 2.8

위치벡터가 $\boldsymbol{r}=\boldsymbol{r}(t)$인 원활한 정규곡선에서 가속도는

$$\boldsymbol{a}(t)=v'(t)\boldsymbol{T}(t)+v(t)\boldsymbol{T}'(t)$$

로 표현되고 $\boldsymbol{T}'(t)\neq \boldsymbol{0}$이면

$$\boldsymbol{a}(t)=v'(t)\boldsymbol{T}(t)+v(t)\|\boldsymbol{T}'(t)\|\boldsymbol{N}(t)$$

로 쓸 수 있다.

증명 곡선을 따라 속도는 $\boldsymbol{v}(t)=v(t)\boldsymbol{T}(t)$로 주어지므로

$$\boldsymbol{a}(t)=\boldsymbol{v}'(t)=v'(t)\boldsymbol{T}(t)+v(t)\boldsymbol{T}'(t)$$

이다. 또한 $\boldsymbol{T}'(t)\neq \boldsymbol{0}$이면 $\boldsymbol{T}'(t)=\|\boldsymbol{T}'(t)\|\boldsymbol{N}(t)$이므로 이 식은

$$\boldsymbol{a}(t)=v'(t)\boldsymbol{T}(t)+v(t)\|\boldsymbol{T}'(t)\|\boldsymbol{N}(t)$$

가 된다. ◆

정리 2.8에 의해 가속도 $\boldsymbol{a}(t)$는 접촉평면에 놓이는 벡터이고 $\boldsymbol{T}(t)$와 $\boldsymbol{N}(t)$가 서로 수직이므로 가속도의 접선성분과 법선성분은 각각 다음과 같이 주어진다.

$$\begin{aligned} a_T &:= \boldsymbol{a}(t)\cdot \boldsymbol{T}(t)=v'(t), \\ a_N &:= \boldsymbol{a}(t)\cdot \boldsymbol{N}(t)=v(t)\|\boldsymbol{T}'(t)\| \end{aligned}$$

그러나 한편으로는 $a_T=v'(t)$를 알면 $\boldsymbol{a}(t)=a_T\boldsymbol{T}+a_N\boldsymbol{N}$, $\boldsymbol{T}\cdot\boldsymbol{N}=0$으로부터

$$\|\boldsymbol{a}(t)\|^2=|a_T|^2+|a_N|^2$$

이며 $a_N>0$이므로 가속도의 법선성분을 다음과 같이 손쉽게 구할 수 있다.

$$a_N=\sqrt{\|\boldsymbol{a}(t)\|^2-|a_T|^2}$$

예제 2.21 벡터함수 $\boldsymbol{r}(t)=(\cos t+t\sin t,\ \sin t-t\cos t)$에서 가속도의 접선성분과 법 선성분을 구하라.

풀이 속도와 가속도는 각각

$$\boldsymbol{v}(t)=\boldsymbol{r}'(t)=(t\cos t,\ t\sin t),$$
$$\boldsymbol{a}(t)=\boldsymbol{r}''(t)=(\cos t-t\sin t,\ \sin t+t\cos t)$$

이다. $v(t)=\|\boldsymbol{v}(t)\|=t$로부터 가속도의 접선성분은 $\boldsymbol{a}_T=v'(t)=1$이고, $\|\boldsymbol{a}(t)\|^2=1+t^2$이므로 가속도의 법선성분은

$$\begin{aligned}\boldsymbol{a}_N&=\sqrt{\|\boldsymbol{a}(t)\|^2-|\boldsymbol{a}_T|^2}\\&=\sqrt{(1+t^2)-1}=1\end{aligned}$$

로 주어진다. ◆

예제 2.22 물체가 포물선 $y=\frac{1}{2}x^2$을 따라 움직이고 있다. 점 $A\left(\frac{4}{3},\ \frac{8}{9}\right)$에서 속도와 가속도의 x성분이 각각 $v_1=3,\ a_1=-3$일 때 가속도의 접선성분과 법선성분을 구하라.

풀이 물체의 운동을 매개변수방정식으로 나타내기 위해 $x=x(t),\ y=\frac{1}{2}x(t)^2$로 두고 $t=t_0$에서 점 A에 이른다고 하면 물체의 운동은 벡터방정식

$$\boldsymbol{r}(t)=\left(x(t),\ \frac{1}{2}x(t)^2\right),\quad \boldsymbol{r}(t_0)=\left(\frac{4}{3},\ \frac{9}{8}\right)$$

로 표현된다. 그러면 $t=t_0$에서 속도와 가속도는 각각

$$\boldsymbol{v}(t_0)=(x'(t_0),\ x(t_0)x'(t_0)),$$
$$\boldsymbol{a}(t_0)=(x''(t_0),\ (x'(t_0))^2+x(t_0)x''(t_0))$$

이다.

조건에서 $x(t_0)=\frac{4}{3},\ v_1=x'(t_0)=3,\ a_1=x''(t_0)=-3$이므로

$$\boldsymbol{v}(t_0)=(3,\ 4),\ \boldsymbol{a}(t_0)=(-3,\ 5),\ \boldsymbol{T}(t_0)=\frac{\boldsymbol{v}(t_0)}{\|\boldsymbol{v}(t_0)\|}=\frac{1}{5}(3,\ 4)$$

이다. 따라서 가속도의 접선성분은 $\boldsymbol{a}_T = \boldsymbol{a}(t_0) \cdot \boldsymbol{T}(t_0) = \frac{11}{5}$, 법선성분은 $\boldsymbol{a}_N = \sqrt{\|\boldsymbol{a}(t_0)\|^2 - |\boldsymbol{a}_T|^2} = \frac{27}{5}$ 이다. ◆

일반적으로 $I = [a, b]$이고 $\boldsymbol{r}: I \to \mathbb{R}^n$이 원활한 곡선 C를 그릴 때 곡선 C의 길이를

$$L = \int_a^b \|\boldsymbol{r}'(t)\| \, dt = \int_a^b v(t) \, dt$$

로 정의한다. 이것은 곡선의 매개변수방정식을

$$x_1 = x_1(t), \ x_2 = x_2(t), \ \cdots, \ x_n = x_n(t), \ a \le t \le b$$

로 표현하였을 때 곡선의 길이를 구하는 공식

$$L = \int_a^b \sqrt{\left(\frac{dx_1}{dt}\right)^2 + \left(\frac{dx_2}{dt}\right)^2 + \cdots + \left(\frac{dx_n}{dt}\right)^2} \, dt$$

과 일치한다.

예제 2.23 원형나선 $C: \boldsymbol{r}(t) = (a \cos t, \ a \sin t, \ bt)$, $(0 \le t \le 2\pi)$의 길이를 구하라.

풀이

$$\begin{aligned} L &= \int_0^{2\pi} \|\boldsymbol{r}'(t)\| \, dt \\ &= \int_0^{2\pi} \sqrt{(-a \sin t)^2 + (a \cos t)^2 + b^2} \, dt \\ &= \int_0^{2\pi} \sqrt{a^2 + b^2} \, dt = 2\pi \sqrt{a^2 + b^2} \end{aligned}$$

◆

이제 적분의 길이변수 s를 다음과 같이 t에 관한 길이함수

$$s = s(t) = \int_a^t \|\boldsymbol{r}'(u)\| \, du, \ (t > a), \ s(a) = 0$$

로 정의하면 C가 정규곡선일 때 매개변수 구간 I상의 모든 t에 대해

$$\frac{ds}{dt} = s'(t) = \|\boldsymbol{r}'(t)\| > 0$$

이므로 $s = s(t)$의 역함수가 존재한다. 이때 정규곡선 C는 s를 매개변수로 하는 방정식

$$C: \boldsymbol{r} = \boldsymbol{r}(s),\ s = s(t)$$

으로 표현할 수 있다. 연쇄법칙을 써서 이를 미분하면

$$\boldsymbol{r}'(s) = \frac{d\boldsymbol{r}}{ds} = \frac{d\boldsymbol{r}}{dt}\bigg/\frac{ds}{dt} = \frac{\boldsymbol{r}'(t)}{\|\boldsymbol{r}'(t)\|}$$

가 되어 $\boldsymbol{r}'(s)$는 크기가 1인 단위접선벡터를 이룬다. 일반적으로 곡선 $C: \boldsymbol{r} = \boldsymbol{r}(s)$가 $\|\boldsymbol{r}'(s)\| = 1$인 정규곡선이면 C는 **길이를 매개변수로 하는 곡선**이라고 한다.

예제 2.24 원형나선 $C: \boldsymbol{r}(t) = (a\cos t,\ a\sin t,\ bt)$를 길이를 매개변수로 하여 표현하라.

풀이 $\|\boldsymbol{r}'(t)\| = \sqrt{a^2+b^2}$ 이므로

$$s = s(t) = \int_0^t \|\boldsymbol{r}'(u)\|du = \sqrt{a^2+b^2}\,t$$

이다. 따라서 $t = \dfrac{s}{\sqrt{a^2+b^2}}$가 되어 C를 길이를 매개변수로 하는 방정식으로 나타내면

$$\begin{aligned}\boldsymbol{r} &= \boldsymbol{r}(t) = \boldsymbol{r}\left(\frac{s}{\sqrt{a^2+b^2}}\right)\\ &= \left(a\cos\left(\frac{s}{\sqrt{a^2+b^2}}\right),\ a\sin\left(\frac{s}{\sqrt{a^2+b^2}}\right),\ \frac{bs}{\sqrt{a^2+b^2}}\right)\end{aligned}$$ ◆

곡선의 단위길이당 단위접선벡터의 변화율을 **곡률벡터**(curvature vector)라고 하고 곡률벡터의 크기를 **곡률**(curvature)이라고 한다. 따라서 곡률은 곡선을 따라 단위접선벡터의 변화의 정도, 즉 곡선의 굽은 정도를 표시하는 계수로서 곡선의 고유한 특성을 나타낸다.

연쇄법칙을 적용하면 $s'(t) = v(t)$이므로 곡률벡터는 일반적인 매개변수 t에 대해

$$\frac{d\boldsymbol{T}}{ds}=\frac{d\boldsymbol{T}}{dt}\Big/\frac{ds}{dt}=\frac{1}{v(t)}\boldsymbol{T}'(t)=\frac{\|\boldsymbol{T}'(t)\|}{v(t)}\boldsymbol{N}(t)$$

로 주어지며 곡선의 법선벡터 방향으로 향한다. 따라서 t에서 곡선에 대한 곡률 $\kappa(t)$는 곡률벡터의 법선벡터로의 성분의 크기를 나타낸다.

$$\kappa(t)=\frac{\|\boldsymbol{T}'(t)\|}{v(t)}$$

예제 2.25 원형나선 $C: \boldsymbol{r}(t)=(a\cos t,\ a\sin t,\ bt)$의 곡률을 구하라.

풀이 $v(t)=\|\boldsymbol{r}'(t)\|=\sqrt{a^2+b^2}$ 이고

$$\boldsymbol{T}(t)=\frac{\boldsymbol{r}'(t)}{v(t)}=\frac{1}{\sqrt{a^2+b^2}}(-a\sin t,\ a\cos t,\ b),$$

$$\boldsymbol{T}'(t)=-\frac{a}{\sqrt{a^2+b^2}}(\cos t,\ \sin t,\ 0)$$

이므로 원형나선의 곡률은

$$\kappa(t)=\frac{\|\boldsymbol{T}'(t)\|}{v(t)}=\frac{a}{a^2+b^2}$$

로써 일정하다. ◆

위치벡터를 써서 곡률을 구하는 과정을 보여주는 다음 정리는 곡률의 계산에 유용하게 활용될 수 있다.

정리 2.9

곡선 $C: \boldsymbol{r}=\boldsymbol{r}(t)$가 원활한 정규곡선이면 t에서 곡선 C에 대한 곡률은

$$\kappa(t)=\frac{\|\boldsymbol{r}'(t)\times\boldsymbol{r}''(t)\|}{\|\boldsymbol{r}'(t)\|^3}=\frac{\|\boldsymbol{v}(t)\times\boldsymbol{a}(t)\|}{v^3(t)}$$

로 주어진다.

증명 $\|\boldsymbol{T}'(t)\| = \kappa(t)v(t)$로부터 $\boldsymbol{T}'(t) = \kappa(t)v(t)\boldsymbol{N}(t)$이므로 정리 2.8에 의해 가속도는

$$\boldsymbol{a}(t) = v'(t)\boldsymbol{T}(t) + \kappa(t)v^2(t)\boldsymbol{N}(t)$$

로 주어진다. 속도벡터 $\boldsymbol{v}(t) = v(t)\boldsymbol{T}(t)$와 가속도 $\boldsymbol{a}(t)$의 외적을 취하면

$$\begin{aligned}\boldsymbol{v}(t) \times \boldsymbol{a}(t) &= (v(t)\boldsymbol{T}(t)) \times (v'(t)\boldsymbol{T}(t) + \kappa(t)v^2(t)\boldsymbol{N}(t)) \\ &= k(t)v^3(t)(\boldsymbol{T}(t) \times \boldsymbol{N}(t))\end{aligned}$$

이고 $\|\boldsymbol{T}(t) \times \boldsymbol{N}(t)\| = 1$이므로 $\|\boldsymbol{v}(t) \times \boldsymbol{a}(t)\| = \kappa(t)v^3(t)$가 되어 정리가 성립한다. ◆

예제 2.26 곡선 $y = f(x)$의 곡률은 다음과 같이 주어짐을 보여라.

$$\kappa = \frac{|y''|}{[1 + (y')^2]^{3/2}}$$

풀이 곡선 $y = f(x)$를 매개변수 방정식 $x = t,\ y = f(t)$로 나타내면 곡선의 위치 벡터는 $\boldsymbol{r}(t) = (t,\ f(t))$이다.

$$\boldsymbol{r}'(t) = (1,\ f'(t)),\ \boldsymbol{r}''(t) = (0,\ f''(t))$$

이고 $\|\boldsymbol{r}'(t) \times \boldsymbol{r}''(t)\| = |f''(t)|,\ \|\boldsymbol{r}'(t)\| = \sqrt{1 + f'(t)^2}$이므로 곡률은

$$k = \kappa(t) = \frac{\|\boldsymbol{r}'(t) \times \boldsymbol{r}''(t)\|}{\|\boldsymbol{r}'(t)\|^3} = \frac{|f''(t)|}{[1 + f'(t)^2]^{3/2}} = \frac{|y''|}{[1 + (y')^2]^{3/2}}$$

이 되어 원하는 결과를 얻는다. ◆

연습문제 2.5

01. 다음 곡선의 그래프를 그려라.

(1) $\boldsymbol{r}(t)=(t,\ \sin t,\ 1-\cos t),\ (0\le t\le 2\pi)$

(2) $\boldsymbol{r}(t)=(e^t\sin t,\ e^t\cos t),\ (0\le t\le \pi)$

(3) $\boldsymbol{r}(t)=(3\cosh t,\ 4\sinh t),\ (t\in\mathbb{R})$

02. 다음에서 점 A가 곡선 C상의 점임을 보이고 점 A에서 곡선 C에 대한 접선의 방정식을 구하라.

(1) $C: x=t^2+4,\ y=te^t,\ z=e^t;\ A(4,\ 0,\ 1)$

(2) $C: x=t\sin t,\ y=t\cos t,\ z=t:\ A\left(\frac{\pi}{2},\ 0,\ \frac{\pi}{2}\right)$

03. $\boldsymbol{r}=\boldsymbol{r}(t)$가 정규곡선이고 $r(t)=\|\boldsymbol{r}(t)\|$이면

$$r(t)\boldsymbol{r}(t)\cdot\boldsymbol{r}'(t)=r'(t)\boldsymbol{r}(t)\cdot\boldsymbol{r}(t)$$

가 성립함을 보여라.

04. 속도가 $\boldsymbol{v}(t)=(-\sin t,\ \cos t,\ \sin t\cos t)$이고 $t=0$에서의 위치벡터가 $\boldsymbol{r}(0)=(1,\ 0,\ 2)$인 곡선의 위치벡터를 구하라.

05. 점 $(-3,\ -5,\ 5)$에서 벡터함수 $\boldsymbol{r}(t)=(t^3-4t,\ 3t^2-8t^3,\ t^2+4)$의 속도와 가속도, 가속도의 접선성분과 법선성분을 구하라.

06. 다음 각 곡선에 대한 길이를 구하라.

(1) $C: \boldsymbol{r}(t)=(t,\ \sin t,\ 1-\cos t),\ (0\le t\le 2\pi)$

(2) $C: \boldsymbol{r}(t)=2a\left(\arcsin t+t\sqrt{1-t^2}\right)\boldsymbol{i}+2at^2\boldsymbol{j}+4at\boldsymbol{k},\ (a\le t\le b)$

(3) $C: x=\cosh t,\ y=\sinh t,\ z=t,\ (0\le t\le \ln 2)$

07. 속도와 가속도가 각각 $\boldsymbol{v}=(3,\ 2)$, $\boldsymbol{a}=(4,\ -3)$인 운동과 그 운동이 그리는 곡선을 C라고 하자.

(1) $\boldsymbol{T}$, $\boldsymbol{N}$, $\boldsymbol{a}$의 접선성분과 법선성분을 구하라.

(2) C의 곡률을 구하라

08. 반지름이 a인 바퀴가 일정한 속력 v로 직선 위를 한쪽 방향으로 굴러갈 때 바퀴 둘레의 한 점 A가 그리는 궤적을 **사이클로이드**(cycloid)라고 한다.

(1) A가 xy평면의 원점에서 출발해 오른쪽으로 움직일 때 t초 후 A의 위치벡터를 구하고 점 A가 최대높이에 이르렀을 때의 속도를 구하라.

(2) 최대높이에 이르렀을 때 사이클로이드의 곡률을 구하라.

09. 극좌표로 표현된 곡선 $r=1+\cos\theta$, $(0\le\theta\le\pi)$에 대한 벡터방정식을 구하고 곡선의 길이와 $\theta=\dfrac{\pi}{2}$에서 곡선에 대한 곡률을 구하라.

2.6 행렬

CALCULUS

정의 2.10 행렬

수 또는 문자를 직사각형 또는 정사각형으로 배열한 것을 **행렬**(matrix)이라고 한다. 즉 mn개의 원소(elements) $a_{ij}(i=1,\ 2,\ \cdots,\ m,\ j=1,\ 2,\ \cdots,\ n)$를 다음과 같이 나타낸 것을 $m \times n$행렬이라고 한다.

$$A = \begin{bmatrix} a_{11} & a_{12} & \cdots & a_{1n} \\ a_{21} & a_{22} & \cdots & a_{2n} \\ \vdots & \vdots & \ddots & \vdots \\ a_{m1} & a_{m2} & \cdots & a_{mn} \end{bmatrix}$$

여기에서 a_{ij}는 i번째 행(row)과 j번째 열(column)의 원소를 나타내며, 대문자 A로 표기한다. 이를 간단하게 다음과 같이 표현하기도 한다.

$$A = (a_{ij}), \quad i=1,\ 2,\ \cdots,\ m, \quad j=1,\ 2,\ \cdots,\ n$$

행과 열의 수를 나타내는 $m \times n$을 **행렬의 차원**(dimenstion)이라고 부르며, 특별히 행렬 A에서 $m=n$일 때 A를 **정방행렬**(square matrix)이라 정의한다.

정의 2.11 대각행렬

정방행렬 A의 원소 $a_{11,}\ a_{22},\ \cdots,\ a_{mm}$을 대각원소(diagonal elements)라고 부르며, 대각선 원소만이 0이 아닌 값을 가질 수 있고 그 외의 모든 원소는 모두 0 인 행렬을 대각행렬(diagonal matrix)이라 정의한다.

다음은 대각행렬이다.

$$A = \begin{pmatrix} 1 & 0 & 0 \\ 0 & 3 & 0 \\ 0 & 0 & 5 \end{pmatrix}$$

정의 2.12 단위행렬

$n \times n$ 행렬에서 대각선의 원소가 모두 1 이고 나머지는 모두 0 인 대각행렬을 $n \times n$ 단위행렬이라 하고, I_n 으로 표기한다.

다음은 단위행렬이다.

$$I_3 = \begin{pmatrix} 1 & 0 & 0 \\ 0 & 1 & 0 \\ 0 & 0 & 1 \end{pmatrix}$$

정의 2.13 전치행렬

임의의 행렬 $A = (m \times n)$에서 행렬 A의 행과 열을 서로 바꾸어 놓은 행렬을 행렬 A의 전치행렬(transpose matrix)이라고 정의하며 A'또는 $A^{\top}$로 표기한다.

다음은 행렬 A와 A의 전치행렬 A'의 예이다.

$$A = \begin{pmatrix} 1 & 2 & 3 \\ 4 & 5 & 6 \end{pmatrix}, \quad A' = \begin{pmatrix} 1 & 4 \\ 2 & 5 \\ 3 & 6 \end{pmatrix}$$

즉, 행렬 A가 $m \times n$이면, A의 전치행렬 A'은 $n \times m$이 된다.

정의 2.14 대칭행렬

정방행렬 $A_{n \times n} = (a_{ij})$의 모든 i, j에 대하여 $a_{ij} = a_{ji}$가 성립하면, 즉 $A = A'$이면 A를 대칭행렬(symmetric matrix)이라 정의한다.

다음은 대칭행렬이다.

$$A = \begin{pmatrix} 1 & 2 & 3 \\ 2 & 4 & 5 \\ 3 & 5 & 6 \end{pmatrix}, \quad B = \begin{pmatrix} 1 & -1 \\ -1 & 1 \end{pmatrix}$$

벡터(vector)는 열이 하나인 행렬이다. 즉 크기가 $m\times 1$인 행렬이다. 이를 특별히 m차 열벡터(column vector)라 한다. 이것과는 달리 행벡터(row vector)는 $1\times n$행렬이며, 하나의 행으로 구성된다. 벡터는 흔히 영어의 소문자 $a,\ b,\ c,\ \cdots$ 등으로 표기하며, 원소가 모두 1인 $n\times 1$ 벡터를 n 차 단위벡터(unit vector) 1로 쓰기도 한다.

예제 2.27 행렬 A에 대하여 다음 질문에 답하여라.

$$A=\begin{pmatrix}4 & 5 & 7\\ 2 & 0 & -1\end{pmatrix}$$

(1) 제2행의 원소를 구하여라.

(2) 제3열의 원소를 구하여라.

(3) (2, 3) 원소와 (1, 2) 원소를 구하여라.

풀이 (1) 2, 0, −1

(2) 7, −1

(3) $a_{23}=-1,\ a_{12}=5$ ◆

정의 2.15 행렬의 합과 차

두 행렬의 합과 차는 두 행렬의 차원이 동일할 때만 정의한다. 즉, $m\times n$ 행렬 $A=(a_{ij})$와 $B=(b_{ij})$의 합과 차는 다음과 같다.

$$A\pm B=\begin{pmatrix}a_{11}\pm b_{11} & a_{12}\pm b_{12} & \cdots & a_{1n}\pm b_{1n}\\ a_{21}\pm b_{21} & a_{22}\pm b_{22} & \cdots & a_{2n}\pm b_{2n}\\ \vdots & \vdots & \ddots & \vdots\\ a_{m1}\pm b_{m1} & a_{m2}\pm b_{m2} & \cdots & a_{mn}\pm b_{mn}\end{pmatrix}$$

행렬 A와 B에 대응하는 원소의 합과 차를 각 원소로 하는 행렬을 A와 B의 합 또는 차라하고, $A\pm B$로 나타낸다.

$$\begin{pmatrix}1 & 2 & 3\\ 4 & 5 & 6\end{pmatrix}+\begin{pmatrix}2 & 1 & 1\\ -1 & 0 & -2\end{pmatrix}=\begin{pmatrix}3 & 3 & 4\\ 3 & 5 & 4\end{pmatrix}$$

$$\begin{pmatrix}1 & 2 & 3\\ 4 & 5 & 6\end{pmatrix}-\begin{pmatrix}2 & 1 & 1\\ -1 & 0 & -2\end{pmatrix}=\begin{pmatrix}-1 & 1 & 2\\ 5 & 5 & 8\end{pmatrix}$$

정의 2.16 행렬의 곱

두 행렬 A, B의 곱이 성립하기 위해서는 A의 열의 수와 B의 행의 수가 같아야만 한다. 이 경우 행렬 A와 B는 적합(conformable)하다고 한다. 즉, 행렬 A는 $(m\times n)$이고, B가 $(n\times p)$일 때, 두 행렬 A, B의 곱 AB를 정의할 수 있으며, 곱을 $C=(c_{ij})$라 하면

$$C_{ij}=a_{i1}b_{1j}+a_{i2}b_{2j}+\cdots+a_{in}b_{nj}=\sum_{k=1}^{n}a_{ik}b_{kj}$$

이고 그 차원은 $m\times p$가 된다.

예제 2.28 행렬 A와 B가

$$A=\begin{pmatrix}3&1&5\\-2&1&3\end{pmatrix},\quad B=\begin{pmatrix}1&1\\0&2\\3&0\end{pmatrix}$$

일 때, 두 행렬의 곱 AB를 구하여라.

풀이 행렬 A의 열의 수와 B의 행의 수가 동일하므로 곱을 구할 수 있다.

$$\begin{aligned}AB&=\begin{pmatrix}3&1&5\\-2&1&3\end{pmatrix}\begin{pmatrix}1&1\\0&2\\3&0\end{pmatrix}\\&=\begin{pmatrix}(3\times1)+(1\times0)+(5\times3)&(3\times1)+(1\times2)+(5\times0)\\(-2\times1)+(1\times0)+(3\times3)&(-2\times1)+(1\times2)+(3\times0)\end{pmatrix}\\&=\begin{pmatrix}18&5\\7&0\end{pmatrix}\end{aligned}$$

◆

$m\times n$ 행렬 A에 대하여 k를 임의의 상수라 할 때 행렬 A의 각 원소에 k배 한 값을 원소로 하는 행렬을 A의 k배라 하고, kA로 표기한다.

예제 2.29 $A=\begin{pmatrix}1&-2&1\\0&3&0\end{pmatrix}$ 일 때 $2A=2\begin{pmatrix}1&-2&1\\0&3&0\end{pmatrix}=\begin{pmatrix}2&-4&2\\0&6&0\end{pmatrix}$

정의 2.17 **행렬식**

정방행렬 $A=(a_{ij})$의 행렬식(determinant)은 $|A|$ 또는 $\det(A)$로 표기하며, 행렬 A가 2×2행렬이면,

$$|A|=\begin{vmatrix} a_{11} & a_{12} \\ a_{21} & a_{22} \end{vmatrix}=a_{11}a_{22}-a_{12}a_{21}$$

로 정의한다. 또 $n\times n\ (n\geq 2)$ 행렬 $A=(a_{ij})$에서 i번째 행과 j번째 열을 제거한 나머지 $(n-1)\times(n-1)$ 행렬의 행렬식을 M_{ij}라 표기하고

$$A_{ij}=(-1)^{i+j}M_{ij}$$

를 원소 a_{ij}의 여인수(cofactor)라 부른다. 행렬 A의 행렬식은 다음과 같이 정의한다.

$$|A|=\sum_{j=1}^{n}a_{ij}A_{ij},\quad i=1,\,2,\,\cdots,\,n$$

예제 2.30 행렬 A가 3×3일 때,

$$\begin{aligned}
|A|&=\begin{vmatrix} a_{11} & a_{12} & a_{13} \\ a_{21} & a_{22} & a_{23} \\ a_{31} & a_{32} & a_{33} \end{vmatrix}=\sum_{j=1}^{n}a_{ij}A_{ij}\\
&=a_{11}A_{11}+a_{12}A_{12}+a_{13}A_{13}\\
&=a_{11}\begin{vmatrix} a_{22} & a_{23} \\ a_{32} & a_{33} \end{vmatrix}-a_{12}\begin{vmatrix} a_{21} & a_{23} \\ a_{31} & a_{33} \end{vmatrix}+a_{13}\begin{vmatrix} a_{21} & a_{22} \\ a_{31} & a_{32} \end{vmatrix}\\
&=a_{11}a_{22}a_{33}-a_{11}a_{23}a_{32}-a_{12}a_{21}a_{33}+a_{12}a_{23}a_{31}+a_{13}a_{21}a_{32}-a_{13}a_{22}a_{31}
\end{aligned}$$

이다. ◆

정의 2.18 **역행렬**

$n \times n$ 행렬 A에 대하여 다음 식

$$AB = BA = I_n$$

을 만족하는 $n \times n$행렬 B가 존재하면 B를 행렬 A의 역행렬(inverse matrix)이라 정의하고, A^{-1}로 표기한다.

예제 2.31 다음 행렬 A의 역행렬을 정의에 의해 구하여라.

$$A = \begin{pmatrix} 2 & 5 \\ 3 & 8 \end{pmatrix}$$

풀이 행렬 A의 역행렬이 존재한다고 가정하고, A의 역행렬 A^{-1}을 아래와 같이 놓는다.

$$A^{-1} = \begin{pmatrix} x & y \\ z & w \end{pmatrix}$$

역행렬의 정의에 의해

$$AA^{-1} = I$$

이므로

$$\begin{pmatrix} 2 & 5 \\ 3 & 8 \end{pmatrix}\begin{pmatrix} x & y \\ z & w \end{pmatrix} = \begin{pmatrix} 1 & 0 \\ 0 & 1 \end{pmatrix}$$

이다. 위의 식을 전개하면

$$\begin{aligned} 2x + 5z &= 1, \\ 3x + 8z &= 0, \\ 2y + 5w &= 0, \\ 3y + 8w &= 1 \end{aligned}$$

이므로, 4차원 1차 연립방정식이 된다. 이를 풀면

$$x = 8,$$
$$z = -3,$$
$$y = -5,$$
$$w = 2$$

가 되며, 구하려는 역행렬을 다음과 같다.

$$A^{-1} = \begin{pmatrix} 8 & -5 \\ -3 & 2 \end{pmatrix}$$ ◆

정리 2.19

> $n \times n$행렬 $A = (a_{ij})$의 역행렬 A^{-1}을 구하는 공식은 다음과 같다.
>
> $$A^{-1} = \frac{1}{|A|} \begin{bmatrix} A_{11} & A_{21} & \cdots & A_{n1} \\ A_{21} & A_{22} & \cdots & A_{n2} \\ \vdots & \vdots & \ddots & \vdots \\ A_{1n} & A_{2n} & \cdots & A_{nn} \end{bmatrix}$$
>
> 여기에서 원소 a_{ij}의 여인수는 $A_{ij} = (-1)^{i+j} M_{ij}$이다.

예제 2.32 다음 행렬의 역행렬을 구하여라.

$$A = \begin{pmatrix} 2 & 3 \\ 1 & 4 \end{pmatrix}$$

풀이

$$|A| = 2 \times 4 - 3 \times 1 = 5$$
$$A_{11} = M_{11} = 4$$
$$A_{12} = -M_{12} = -1$$
$$A_{21} = -M_{21} = -3$$
$$A_{22} = M_{22} = 2$$
$$\therefore A^{-1} = \frac{1}{5} \begin{bmatrix} 4 & -3 \\ -1 & 2 \end{bmatrix}$$ ◆

예제 2.33 다음 행렬의 역행렬을 여인수를 이용하여 구하여라.

$$B = \begin{pmatrix} 1 & -2 \\ 3 & -2 \end{pmatrix}$$

예제 2.34 다음 행렬의 역행렬을 구하여라.

$$B=\begin{pmatrix}1 & 3 & 2\\ 1 & 4 & 1\\ 1 & 2 & 2\end{pmatrix}$$

풀이 $|B|=\begin{vmatrix}4 & 1\\ 2 & 2\end{vmatrix}-3\begin{vmatrix}1 & 1\\ 1 & 2\end{vmatrix}+2\begin{vmatrix}1 & 4\\ 1 & 2\end{vmatrix}=6-3-4=-1$

$B_{11}=\begin{vmatrix}4 & 1\\ 2 & 2\end{vmatrix}6,\ B_{12}=1\begin{vmatrix}1 & 1\\ 1 & 2\end{vmatrix}=-1,\ B_{13}=\begin{vmatrix}1 & 4\\ 1 & 2\end{vmatrix}=-2,$

$B_{21}=-\begin{vmatrix}3 & 2\\ 2 & 2\end{vmatrix}=-2,\ B_{22}=\begin{vmatrix}1 & 2\\ 1 & 2\end{vmatrix}=0,\ B_{23}=-\begin{vmatrix}1 & 3\\ 1 & 2\end{vmatrix}=1$

$B_{31}=\begin{vmatrix}3 & 2\\ 4 & 1\end{vmatrix}=-5,\ B_{32}=-\begin{vmatrix}1 & 2\\ 1 & 1\end{vmatrix}=1,\ B_{33}=\begin{vmatrix}1 & 3\\ 1 & 4\end{vmatrix}=1$

따라서 $B^{-1}=-1\begin{pmatrix}6 & -2 & -5\\ -1 & 0 & 1\\ -2 & 1 & 1\end{pmatrix}$ 이다. ◆

정리 2.20

> $n\times n$행렬 A의 역행렬이 존재할 필요충분조건은 행렬 A의 행렬식이 $|A|\neq 0$이어야 한다.

예제 2.35 다음 행렬의 역행렬을 존재하는가?

$$C=\begin{pmatrix}1 & 2\\ 2 & 4\end{pmatrix}$$

풀이 $|C|=1\times 4-2\times 2=0$ 따라서 역행렬이 존재하지 않는다. ◆

위의 예를 통하여 임의의 $n\times n$ 행렬 A에 대하여 그 역행렬이 존재하거나 존재하지 않을 수 있음을 보았다. 이때 행렬 A의 역행렬이 존재하는 경우 행렬 A를 정칙행렬(non-singular)이라 하고, 그렇지 않은 경우 비정칙행렬(singular)이라 한다.

정의 2.21 **행렬일차결합, 일차독립, 일차종속**

p개의 $n \times 1$벡터 $v_1,\ v_2,\ \cdots,\ v_p$가 있다고 하자. 이때 상수 $a_1,\ a_2,\ \cdots,\ a_p$에 대하여

$$a_1 v_1 + a_2 v_2 + \cdots + a_p v_p$$

를 벡터 $v_1,\ v_2,\ \cdots,\ v_p$의 **일차결합**(linear combination)이라고 정의한다. 주어진 벡터 $v_1,\ v_2,\ \cdots,\ v_p$에 대하여

$$a_1 v_1 + a_2 v_2 + \cdots + a_p v_p = 0$$

이라 놓아 위의 식을 만족하는 해가 $a_1 = a_2 = \cdots = a_p = 0$이 될 때, $v_1,\ v_2,\ \cdots,\ v_p$는 **일차독립**(linearly independent)이라 정의하고, 모든 a_i가 0이 아닌 경우에 등식이 성립하면 벡터 $v_1,\ v_2,\ \cdots,\ v_p$ 는 **일차종속**이라고 정의한다.

예제 2.36 다음 세 벡터는 일차독립인가?

$$v_1 = \begin{pmatrix} 6 \\ 2 \\ 3 \\ 4 \end{pmatrix},\ v_2 = \begin{pmatrix} 0 \\ 5 \\ -3 \\ 1 \end{pmatrix},\ v_3 = \begin{pmatrix} 0 \\ 0 \\ 7 \\ -2 \end{pmatrix}$$

풀이 상수 $a_1,\ a_2,\ a_3$ 에 대하여

$$a_1 v_1 + a_2 v_2 + a_3 v_3 = 0$$

이라 놓으면

$$\begin{pmatrix} 6a_1 \\ 2a_1 + 5a_2 \\ 2a_1 - 3a_2 + 7a_3 \\ 4a_1 + a_2 - 2a_3 \end{pmatrix} = \begin{pmatrix} 0 \\ 0 \\ 0 \\ 0 \end{pmatrix}$$

이다. 따라서

$$a_1 = a_2 = a_3 = 0$$

이므로 $v_1,\ v_2,\ v_3$은 일차독립이다. ◆

벡터 v_1, v_2, v_3를 한군데 모은 다음의 행렬을 보도록 하자.

$$A = \begin{pmatrix} 6 & 0 & 0 \\ 2 & 5 & 0 \\ 3 & -3 & 7 \\ 4 & 1 & -2 \end{pmatrix}$$

이 행렬 A에서 일차독립인 열은 '3'이며, 이를 행렬 A의 계수(rank)라고 정의한다.

정의 2.22 행렬의 계수(rank)

1. 행렬 A에서 일차독립인 열의 수
2. 행렬 A에서 일차독립인 행의 수

위의 두 정의에서 어느 것을 사용해도 두 값은 동일하며, A의 계수를 $r(A)$로 표기한다. 만약 행렬 A의 차원이 $m \times n$이라면 행렬 A가 가질 수 있는 가장 큰 계수는 $\min(n, m)$이며, 이때 행렬 A는 **최대 계수**(full rank)를 가진다고 한다.

예제 2.37 다음 행렬의 계수를 구하여라.

$$A = \begin{pmatrix} 6 & 0 & 0 \\ 2 & 5 & 0 \\ 3 & -3 & 7 \\ 4 & 1 & -2 \end{pmatrix}$$

풀이 앞의 예제 2.36에 의하여 행렬 A의 일차독립인 열의 수는 '3'이므로, 행렬 A의 계수 $r(A)$는 3이다. ◆

연습문제 2.6

01. 행렬 B에 대하여 다음 질문에 답하라.

$$B=\begin{pmatrix} 2 & 3 \\ -7 & 1 \\ 4 & 5 \end{pmatrix}$$

(1) 제3행의 원소를 구하여라.

(2) 행렬 B의 전치행렬을 구하여라.

02. 행렬 A와 B가

$$A=\begin{pmatrix} 3 & -1 \\ 2 & 1 \\ 4 & 0 \end{pmatrix},\ B=\begin{pmatrix} 1 & -1 \\ 2 & 5 \end{pmatrix}$$

일 때 두 행렬의 곱 AB를 구하여라.

03. 행렬 A에 대하여 다음 질문에 답하라.

$$A=\begin{pmatrix} 2 & 1 & -3 \\ 1 & 2 & 4 \end{pmatrix}$$

(1) $2A$를 구하여라.

(2) $(2I_2)\times A$를 구하여라.

04. 다음 행렬의 행렬식을 계산하여라.

(1) $A=\begin{pmatrix} 1 & 4 & 0 \\ 2 & -1 & 2 \\ 5 & -2 & 0 \end{pmatrix}$

(2) $B=\begin{pmatrix} 1 & 2 & 0 & 3 \\ 1 & 1 & 2 & 4 \\ 3 & 2 & 1 & 0 \\ 3 & 4 & 5 & 2 \end{pmatrix}$

05. 다음 행렬의 역행렬을 정의에 의해 구하여라.

$$A=\begin{pmatrix}1 & 2\\ 0 & 1\end{pmatrix}$$

06. 다음 행렬의 역행렬을 구하여라.

$$C=\begin{pmatrix}1 & 2 & -2\\ 3 & 1 & -1\\ 2 & -1 & 0\end{pmatrix}$$

07. 다음 행렬의 역행렬은 존재하는가?

$$E=\begin{pmatrix}1 & 0 & 0 & 0\\ 0 & 0 & 0 & 1\\ 0 & 0 & 1 & 0\\ 0 & 1 & 0 & 0\end{pmatrix}$$

08. 다음 세 벡터는 일차독립인가?

(1) $a_1=\begin{pmatrix}1\\1\\0\end{pmatrix},\ a_2=\begin{pmatrix}1\\0\\1\end{pmatrix},\ a_3=\begin{pmatrix}0\\1\\1\end{pmatrix}$

(2) $b_1=\begin{pmatrix}1\\-1\\4\end{pmatrix},\ b_2=\begin{pmatrix}1\\0\\6\end{pmatrix},\ b_3=\begin{pmatrix}3\\-5\\8\end{pmatrix}$

09. 다음 행렬의 계수를 각각 구하여라.

(1) $A=\begin{pmatrix}1 & 1 & 0\\ 1 & 0 & 1\\ 0 & 1 & 1\end{pmatrix}$

(2) $B=\begin{pmatrix}1 & 1 & 3\\ -1 & 0 & -5\\ 4 & 6 & 8\end{pmatrix}$

2장 종합문제

01. 점 A와 B의 위치벡터를 각각 $\boldsymbol{a}$, $\boldsymbol{b}$라고 할 때 선분 $\overline{AB}$를 $m:n$으로 나누는 점 R의 위치벡터는 다음과 같이 주어짐을 보여라.

$$\boldsymbol{r} = \frac{n\boldsymbol{a} + m\boldsymbol{b}}{m+n}$$

02. $\boldsymbol{a} = (1,\ 1,\ 2)$, $\boldsymbol{b} = (1,\ -3,\ 5)$, $\boldsymbol{c} = (0,\ 3,\ 1)$와 스칼라 x, y, z에 대해서 벡터 $\boldsymbol{u}$가 다음과 같이 주어져 있다.

$$\boldsymbol{u} = x\boldsymbol{a} + y\boldsymbol{b} + z\boldsymbol{c}$$

(1) $\boldsymbol{u}$의 성분을 구하라.

(2) $\boldsymbol{u} = (1,\ 2,\ 3)$일 때 x, y, z를 구하라.

03. $\boldsymbol{a}$와 $\boldsymbol{b}$가 영이 아닌 n벡터일 때 다음을 보여라.

(1) $\boldsymbol{c}$와 $\boldsymbol{a}$의 사잇각과 $\boldsymbol{c}$와 $\boldsymbol{b}$의 사잇각이 같으면 $\boldsymbol{c}$는 벡터 $\|\boldsymbol{a}\|\boldsymbol{b} - \|\boldsymbol{b}\|\boldsymbol{a}$에 수직임을 보여라.

(2) $\boldsymbol{c} = \|\boldsymbol{a}\|\boldsymbol{b} + \|\boldsymbol{b}\|\boldsymbol{a}$는 $\boldsymbol{a}$와 $\boldsymbol{b}$의 사잇각을 이등분함을 보여라.

04. n공간의 점 A를 지나 $\boldsymbol{u}$에 평행한 직선의 매개변수방정식은 A의 위치벡터 $\boldsymbol{a}$에 대해 $l:\ \boldsymbol{x}(t) = \boldsymbol{a} + t\boldsymbol{u}$, $(t \in \mathbb{R})$로 표현된다. 이제 직선상에 있지 않은 점 Q의 위치벡터 $\boldsymbol{q}$에 대해서 함수 $h(t) = \|\boldsymbol{q} - \boldsymbol{x}(t)\|^2$를 생각하자.

(1) Q에서 l까지의 거리를 $d(Q,\ l)$이라 할 때 $d(Q,\ l) = h(t_0)$가 되는 t_0가 존재함을 보이고, 이때 $\boldsymbol{q} - \boldsymbol{x}(t_0)$는 $\boldsymbol{u}$와 서로 수직을 이룸을 보여라.

(2) 이를 이용하여 $Q(1,\ 2,\ 3)$으로부터 직선 $\boldsymbol{x}(t) = t\boldsymbol{i} + \boldsymbol{j} + 3t\boldsymbol{k}$까지의 거리를 구하라.

05. l_1이 점 $(1,\ 1,\ 1)$을 지나 $\boldsymbol{u}=(1,\ 2,\ 3)$에 평행한 직선이고, l_2가 점 $(2,\ 1,\ 0)$을 지나 $\boldsymbol{v}=(3,\ 8,\ 13)$에 평행한 직선일 때, 두 직선 l_1과 l_2가 서로 만나는 것을 보이고 두 직선의 교점의 좌표를 구하라.

06. 두 점 $(1,\ 1,\ 2)$와 $(3,\ -1,\ 1)$을 지나는 직선이 세 점 $(2,\ -1,\ 1)$, $(5,\ 2,\ 3)$과 $(4,\ 1,\ 3)$을 지나는 평면과 만나는 교점의 좌표를 구하라.

07. 방향벡터 $\boldsymbol{u}$인 직선은 $\boldsymbol{u}$가 평면 Π에 평행할 때 평면 Π에 평행한 직선이라고 한다. 점 $(1,\ 1,\ 2)$를 지나 두 개의 평면 $\Pi_1 : x+2y+3z=0$과 $\Pi_2 : 2x-y+3z+4=0$에 평행한 직선의 방정식을 구하라.

08. 직선 $l_1 : x=1+3t,\ y=1+4t,\ z=t$에 평행하고 $l_2 : x=3+t,\ y=1,\ z=1-6t$를 포함하는 평면을 구하라.

09. 원점으로부터 평면 $2x+3y-z=5$에 내린 수선의 발을 구하고 원점으로부터 그 평면까지의 거리를 구하라.

10. $\boldsymbol{a}$와 $\boldsymbol{b}$가 서로 평행하지 않은 3차원 벡터 $\boldsymbol{c}=-\boldsymbol{b}+(\boldsymbol{b}\times\boldsymbol{a})$라 하자.

(1) $\boldsymbol{a}$는 $\boldsymbol{b}+\boldsymbol{c}$에 수직임을 보여라.

(2) $\boldsymbol{b}$와 $\boldsymbol{c}$가 이루는 사잇각은 직각보다 크다는 것을 보여라

(3) $\|\boldsymbol{b}\|=1$, $\boldsymbol{a}$와 $\boldsymbol{b}$를 변으로 하는 평행사변형의 면적이 2일 때 $\|\boldsymbol{c}\|$를 구하라.

11. 세 변의 길이가 $a,\ b,\ c$인 삼각형의 면적 S에 대한 **헤론의 공식**(Heron's formula)은 다음과 같다.

$$S=\sqrt{s(s-a)(s-b)(s-c)},\ s=\frac{a+b+c}{2}$$

$\|\boldsymbol{a}\|=a$, $\|\boldsymbol{b}\|=b$인 벡터 $\boldsymbol{a}$와 $\boldsymbol{b}$를 두 변으로 하는 삼각형에 대해서 다음 항등식을 이용하여 헤론의 공식을 유도하라.

$$\|\boldsymbol{a}\times\boldsymbol{b}\|^2=\|\boldsymbol{a}\|^2\|\boldsymbol{b}\|^2-(\boldsymbol{a}\cdot\boldsymbol{b})^2, \quad \boldsymbol{a}\cdot\boldsymbol{b}=\frac{1}{2}\left(\|\boldsymbol{a}\|^2+\|\boldsymbol{b}\|^2-\|\boldsymbol{a}-\boldsymbol{b}\|^2\right)$$

12. 한 직선상에 놓이지 않은 세 점 P, Q, R은 하나의 평면 Π를 결정한다. 평면 Π상의 모든 점은 스칼라 t_1, t_2, t_3에 대해서

$$X=t_1P+t_2Q+t_3R, \quad t_1+t_2+t_3=1$$

형태로 나타낼 수 있음을 보여라.

13. $\boldsymbol{a}$와 $\boldsymbol{b}$가 서로 평행하지 않은 n-벡터일 때 $\boldsymbol{a}$와 $\boldsymbol{b}$는 원점을 지나는 하나의 평면 Π_O를 생성하며, Π_O의 모든 벡터는 스칼라 s와 t에 대해서 $s\boldsymbol{a}+t\boldsymbol{b}$의 형태로 주어진다. 한 점 P를 지나 $\boldsymbol{a}$와 $\boldsymbol{b}$에 평행한 평면 Π_P는 평면상의 임의의 점 X에 대해 $\overrightarrow{PX}\in\Pi_O$이므로 P와 X의 위치벡터 $\boldsymbol{p}$, $\boldsymbol{x}$에 대해서

$$\boldsymbol{x}=\boldsymbol{p}+s\boldsymbol{a}+t\boldsymbol{b}, \ (s, \ t\in\mathbb{R})$$

로 나타낼 수 있다. 이를 **평면의 매개변수방정식**이라고 한다.

(1) 점 $P(2, 3, 1)$을 지나 $\boldsymbol{a}=(1, 2, 0)$와 $\boldsymbol{b}=(0, 3, 1)$에 평행한 평면의 매개변수방정식을 구하라.

(2) (1)을 평면의 방정식 $ax+by+cz=d$ 형식으로 나타내어라.

(3) 평면 $x+y+z=1$을 매개변수방정식으로 표현하라.

14. 벡터함수 $\boldsymbol{r}(t)=(2\cos\omega t, \ 2\sin\omega t, \ e^{-t})$, ($\omega=$ 상수)에 대해 $t=0$에서 속도와 가속도, 가속도의 접선성분과 법선성분을 구하라.

15. 모든 t에 대해서 영벡터가 아닌 미분가능한 벡터함수 $\boldsymbol{r}=\boldsymbol{r}(t)$에 대해서 다음이 성립함을 보여라.

$$\frac{d}{dt}\frac{\boldsymbol{r}}{\|\boldsymbol{r}\|}=\frac{\boldsymbol{r}\times(\boldsymbol{r}'\times\boldsymbol{r})}{\|\boldsymbol{r}\|^3}, \quad \left\|\frac{d}{dt}\frac{\boldsymbol{r}}{\|\boldsymbol{r}\|}\right\|=\frac{\|\boldsymbol{r}\times\boldsymbol{r}'\|}{\|\boldsymbol{r}\|^2}$$

16. 포물선 $2y = x^2$를 따라 움직이는 물체가 있다. 점 $A\left(1,\ \frac{1}{2}\right)$에서 속도와 가속도의 x성분이 2일 때, A에서 물체의 속도, 가속도, 가속도의 접선성분과 법선성분, 그리고 곡선의 곡률을 구하라.

17. 입자가 일정한 속력으로 곡선을 따라 움직인다.

(1) 속도와 가속도는 서로 수직을 이룸을 보여라.

(2) 가속도의 크기는 곡률에 비례함을 보여라.

18. 행렬 A와 B가 주어졌을 때 두 행렬의 곱 AB와 BA를 각각 구하고, AB와 BA가 같은지를 비교하여라.

(1) $A = \begin{pmatrix} 1 & 2 \\ -1 & 3 \end{pmatrix}$, $B = \begin{pmatrix} 2 & 2 \\ 3 & 1 \end{pmatrix}$

(2) $A = \begin{pmatrix} 1 & -1 \\ 1 & 1 \end{pmatrix}$, $B = \begin{pmatrix} 2 & -1 \\ 1 & 2 \end{pmatrix}$

(3) $A = \begin{pmatrix} 1 & 5 \\ 4 & -2 \end{pmatrix}$, $B = I = \begin{pmatrix} 1 & 0 \\ 0 & 1 \end{pmatrix}$

19. 다음 행렬의 행렬식을 각각 구하여라.

(1) $\begin{pmatrix} 1 & 4 & 0 \\ 2 & -1 & 2 \\ 5 & -2 & 0 \end{pmatrix}$

(2) $\begin{pmatrix} 3 & 4 & -2 \\ 0 & 0 & 0 \\ 2 & -1 & 5 \end{pmatrix}$

20. 다음 행렬의 역행렬을 정의 또는 역행렬 공식을 이용하여 각각 구하여라.

(1) $A = \begin{pmatrix} 1 & -2 \\ 3 & -2 \end{pmatrix}$

(2) $B = \begin{pmatrix} 1 & 1 & -1 \\ 1 & 2 & 1 \\ 2 & 0 & -5 \end{pmatrix}$

21. 다음 세 벡터들이 일차독립인지 아닌지를 보여라.

(1) $v_1 = \begin{pmatrix} 2 \\ 1 \\ 3 \\ 1 \end{pmatrix}$, $v_2 = \begin{pmatrix} 1 \\ 2 \\ -1 \\ 0 \end{pmatrix}$, $v_3 = \begin{pmatrix} 3 \\ 0 \\ 1 \\ 2 \end{pmatrix}$

(2) $a = \begin{pmatrix} 1 \\ 3 \\ 2 \end{pmatrix}$, $b = \begin{pmatrix} 3 \\ 2 \\ 5 \end{pmatrix}$, $c = \begin{pmatrix} 4 \\ 5 \\ 7 \end{pmatrix}$

22. 다음 행렬의 계수를 각각 구하고, 최대 계수인지 밝혀라.

(1) $A = \begin{pmatrix} 1 & 2 \\ 3 & 4 \end{pmatrix}$

(2) $B = \begin{pmatrix} 1 & 2 & 3 \\ 4 & 5 & 6 \\ 7 & 8 & 9 \end{pmatrix}$

제 3 장

다변수 함수의 미분

3.1 다변수 함수

CALCULUS

실제세계의 현상들을 공부할 때, 조사하고자 하는 수량들은 대개 둘 또는 그 이상의 변수들에 의존한다. 따라서 일변수 함수에 대한 미적분의 기본 개념들을 독립변수가 두 개 이상인 함수, 즉 다변수 함수로 확장시킬 필요가 있다. 이 장에서부터는 다변수 함수에 대한 도함수와 적분을 공부한다.

정의 3.1 다변수 함수

n개의 실수의 순서쌍의 집합 $R^n = \{(x_1, x_2, \dots, x_n) \mid x_i \in R,\ i = 1, 2, \dots, n\}$을 n차원 공간이라 한다. R^n내의 집합 D에 속하는 각각의 원소에 대해 실수 $w = f(x_1, x_2, \dots, x_n)$을 대응시키는 규칙을 **$n$변수 함수**라 한다. 이때 집합 D를 f의 **정의역**이라 하고, f의 치역은 f가 취하는 값들의 집합, 즉 $\{f(x_1, x_2, \dots, x_n) \mid (x_1, x_2, \dots, x_n) \in D\}$ 이다.

예제 3.1 (1) 이변수 함수의 예

$$f(x, y) = 2x^2 + y^2, \quad f(x, y) = \sqrt{y - x^2}, \quad f(x, y) = \sin xy$$

(2) 삼변수 함수의 예

$$f(x, y, z) = \sqrt{x^2 + y^2 + z^2}, \quad f(x, y, z) = x^2y^2 + \sin z$$

예제 3.2 함수 $f(x, y) = \sqrt{25 - x^2 - y^2}$ 의 정의역과 치역을 구하라.

풀이 f의 정의역은

$$D = \{(x, y) \mid 25 - x^2 - y^2 \geq 0\} = \{(x, y) \mid x^2 + y^2 \leq 25\}$$

이다. z는 양의 제곱근이기 때문에 $z \geq 0$이고 또한

$$25 - x^2 - y^2 \le 25 \quad \Rightarrow \quad \sqrt{25 - x^2 - y^2} \le 5$$

이므로 치역은

$$\{z \mid 0 \le z \le 5\}$$

이다. ◆

이변수 함수를 시각적으로 나타내는 방법은 그래프를 그려보는 것이다.

정의 3.2 그래프

f가 정의역 D인 이변수 함수이면 f의 그래프는 $z = f(x, y)$, $(x, y) \in D$인 모든 점 (x, y, z)의 집합이다.

일변수 함수 f의 그래프가 방정식 $y = f(x)$인 곡선인 것과 마찬가지로 이변수 함수의 그래프는 방정식 $z = f(x, y)$인 곡면이다. 이변수 함수 f의 그래프는 xy평면에 있는 정의역 D의 위 또는 아래에 놓이도록 그려질 수 있다.

예제 3.3 함수 $f(x, y) = 4 - 2x - y$의 그래프를 그려라.

풀이 f의 그래프는 방정식 $z = 4 - 2x - y$, 즉 $2x + y + z = 4$를 만족하는 점 (x, y, z)가 만드는 평면이다. 이 평면을 그리기 위해 절편을 구해보면, x절

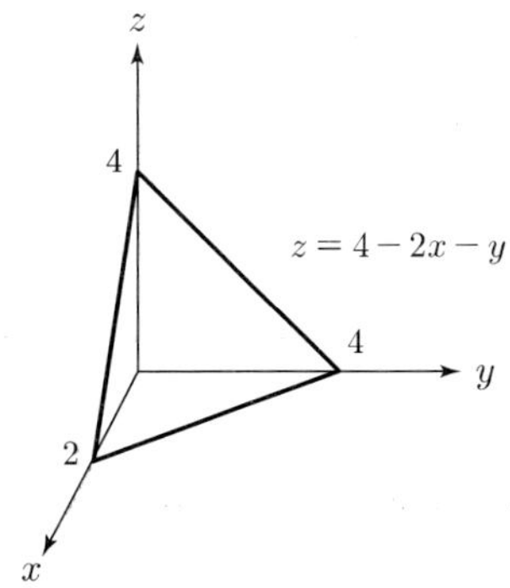

[그림 3.1] $z = 4 - 2x - y$

편은 $x=2$, y절편은 $x=4$, z절편은 $z=4$를 얻는다. 따라서 그래프의 제 1 팔분공간에 있는 부분은 [그림 3.1]과 같다. ◆

예제 3.4 함수 $f(x, y)=\sqrt{9-x^2-y^2}$의 정의역과 치역을 구하라.

풀이 방정식 $z=\sqrt{9-x^2-y^2}$의 양변을 제곱하면

$$x^2+y^2+z^2=9$$

이다. 이로부터 원점을 중심으로 반지름이 3인 구임을 알 수 있으며, $z \geq 0$이므로 f의 그래프는 구의 윗부분이 된다. ◆

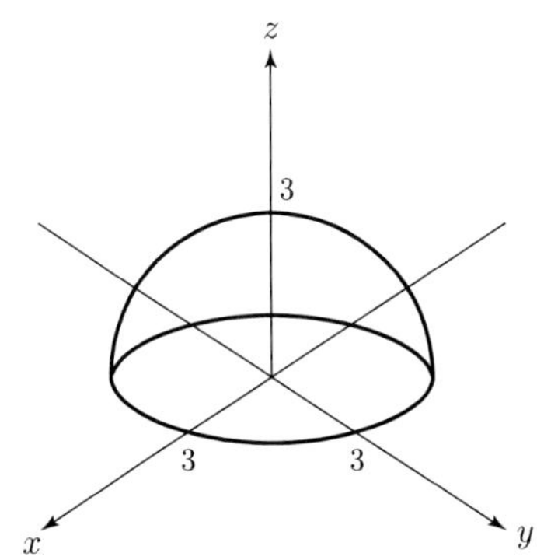

[그림 3.2] $z=\sqrt{9-x^2-y^2}$

등위곡선

이변수 함수를 시각화하는 또 하나의 방법은 등위곡선(또는 등고선)그림이다. 이것은 같은 높이의 점들을 연결하여 곡선을 만드는 것이다.

정의 3.3 등위곡선

이변수 함수의 **등위곡선**(level curve)은 방정식 $f(x, y)=c$로 주어지는 곡선이다. 여기서 c는 (f의 치역에서의) 하나의 상수이다.

등위곡선 $f(x,\ y)=k$는 f가 값 k를 취하는 f의 정의역 내의 모든 점들의 집합이다. 다시 말하면, 그것은 f의 그래프에서 높이 k인 부분을 보여준다.

예제 3.5 함수 $f(x,\ y)=\sqrt{9-x^2-y^2}$ 의 등위곡선을 그려라.

풀이 등위곡선들은

$$\sqrt{9-x^2-y^2}=k \text{ 또는 } x^2+y^2=9-k^2$$

이다. 이것은 중심이 $(0,\ 0)$이고 반지름이 $\sqrt{9-k^2}$ 인 원이다. [그림 3.3]은 $k=2$일 때의 등위곡선과 수평자취 사이의 관계를 보여준다. 또한 $k=0,\ 1,\ 2,\ 3$일 때 등위곡선은 [그림 3.4]와 같다. ◆

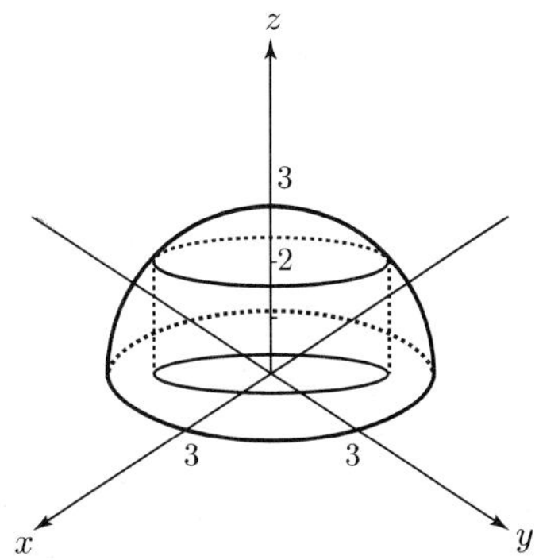

[그림 3.3]

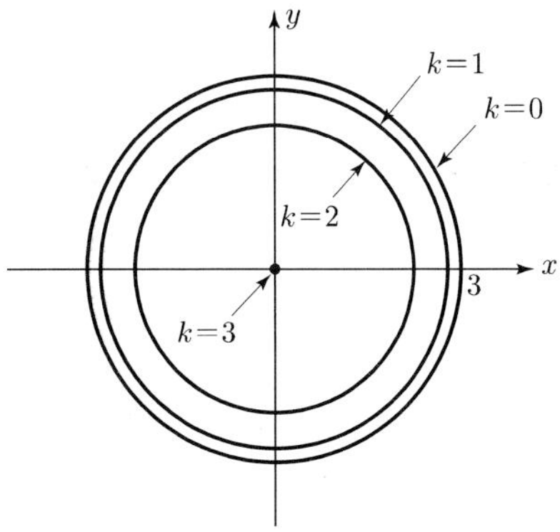

[그림 3.4] $z=\sqrt{9-x^2-y^2}$ 의 등위곡선

[그림 3.5]은 함수 $f(x,\ y) = x e^{-(x^2+y^2)}$을 컴퓨터에 의해 그린 그래프이고 [그림 3.6]은 그 그래프의 등위곡선들이다. 그림으로부터 등위곡선들이 서로 가까운 곳에서는 곡면이 경사가 급하고, 등위곡선들이 서로 떨어진 곳에서는 경사가 완만함을 알 수 있다.

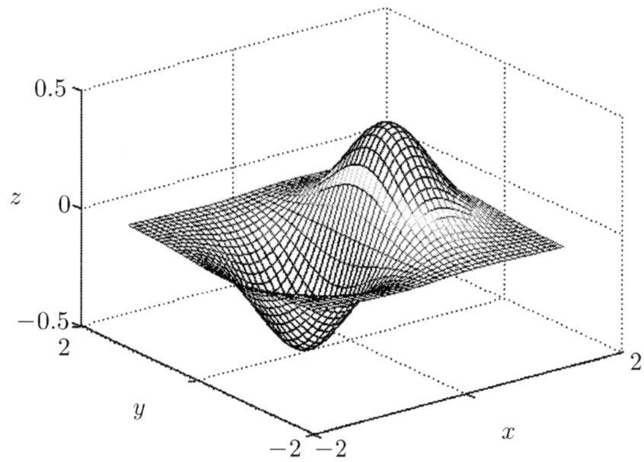

[그림 3.5] $f(x,\ y) = xe^{-(x^2+y^2)}$

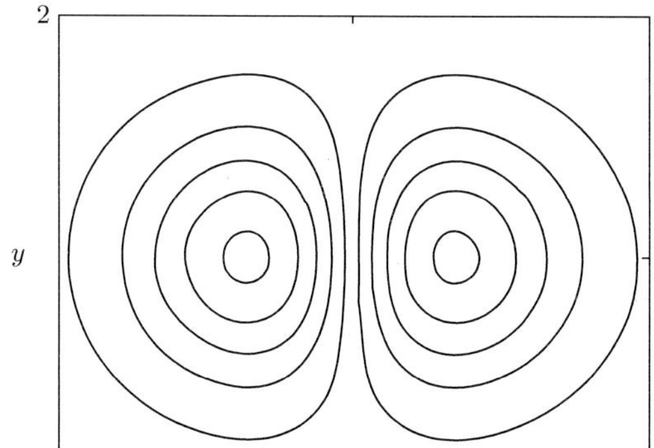

[그림 3.6] $f(x,\ y) = xe^{-(x^2+y^2)}$의 등위곡선

연습문제 3.1

※ (1～8) 다음 함수의 그래프와 등위곡선을 그려라.

01. $f(x, y) = 10 - 4x - 5y$

02. $f(x, y) = 1 + y^2$

03. $f(x, y) = x^2 + y^2$

04. $f(x, y) = 4x^2 + y^2 + 1$

05. $f(x, y) = \sqrt{x^2 + y^2}$

06. $f(x, y) = xy$

07. $f(x, y) = e^{-(x^2 + y^2)}$

08. $f(x, y) = \ln(x^2 + y^2)$

3.2 다변수 함수의 극한과 연속

CALCULUS

이 절에서는 다변수 함수의 극한과 연속 개념을 다룬다. 다변수 함수의 극한은 일변수 함수의 극한 정의와 유사하지만 중요한 차이점이 있다.

정의 3.4 이변수 함수의 극한

(x, y)가 (a, b)로 접근할 때 f가 **극한**(limit) L에 접근하면 함수 $z=f(x, y)$는 점 (a, b)에서 극한값 L을 갖는다고 말하고

$$\lim_{(x, y) \to (a, b)} f(x, y) = L$$

이라 쓴다.

이 정의는 한 점 (a, b)에 충분히 가까운 모든 점들 (x, y)에 대해 그 함수의 값들이 한 실수 L에 가까움을 의미한다. 일변수 함수의 극한에서는 한 점으로 접근하는 방법은 좌측, 우측의 두 가지 방향밖에 없지만 이변수 함수의 경우에는 (a, b)로 모든 방향에서 접근할 수 있음에 주의해야 한다.

예제 3.6 $f(x, y) = \dfrac{x^2-y^2}{x^2+y^2}$일 때 $\lim\limits_{(x, y) \to (0, 0)} f(x, y)$이 존재하지 않음을 보여라.

풀이 x축을 따라 원점 $(0, 0)$에 접근하면, $y=0$이고 $x \to 0$이므로

$$\lim_{x \to 0} f(x, 0) = \lim_{x \to 0} \frac{x^2-0^2}{x^2+0^2} = 1$$

반면에 y축을 따라 원점 $(0, 0)$에 접근하면, $x=0$이고 $y \to 0$이므로

$$\lim_{y \to 0} f(0, y) = \lim_{y \to 0} \frac{0^2-y^2}{0^2+y^2} = -1$$

경로에 따라 극한값이 다르므로 $f(x, y)$는 $(0, 0)$에서 극한값이 없다. ◆

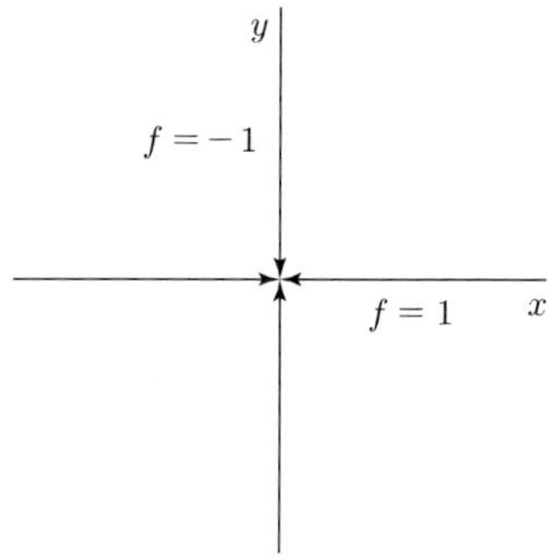

[그림 3.7]

예제 3.6은 이변수 함수 (또는 삼변수 함수)의 극한값에 대한 중요한 점을 지적하여 준다. 한 점에서 극한값이 존재하기 위해서는 어떠한 경로를 따라서 접근할지라도 그 극한값이 유일해야 한다. 이변수에 대해 다른 극한값을 가지는 경로를 찾으면, 그 함수는 접근하는 그 점에서 극한값이 존재하지 않는 것이다.

예제 3.7 $f(x, y) = \dfrac{x^2 y}{x^2 + y^2}$일 때 $\lim_{(x, y) \to (0, 0)} f(x, y)$이 존재하는가?

풀이 $x = r\cos\theta$, $y = r\sin\theta$로 표시하면 $(x, y) \to (0, 0)$는 $r \to 0$를 의미한다.

$$\lim_{(x, y) \to (0, 0)} \frac{x^2 y}{x^2 + y^2} = \lim_{r \to 0} \frac{r^2 \cos^2\theta \, r\sin\theta}{r^2} = \lim_{r \to 0} r\cos^2\theta \sin\theta = 0$$

이므로 $f(x, y)$는 $(0, 0)$에서 극한값 0을 갖는다. ◆

정의 3.5 이변수 함수의 연속성

함수 $f(x,\ y)$가 다음 세 조건을 모두 만족하면 $f(x,\ y)$는 $(a,\ b)$에서 **연속**이라 한다.

(1) $f(a,\ b)$가 존재

(2) $\lim_{(x,\ y)\to(a,\ b)} f(x,\ y)$가 존재

(3) $\lim_{(x,\ y)\to(a,\ b)} f(x,\ y) = f(a,\ b)$

예제 3.8 $f(x,\ y) = \begin{cases} \dfrac{xy}{x^2+y^2}, & (x,\ y) \neq (0,\ 0) \\ 0, & (x,\ y) = (0,\ 0) \end{cases}$ 는 $(0,\ 0)$에서 연속인가?

풀이 임의의 실수 m에 대하여 경로 $y=mx$를 따라 원점 $(0,\ 0)$에 접근하면

$$\lim_{x\to 0} f(x,\ mx) = \lim_{x\to 0} \frac{x(mx)}{x^2+m^2x^2} = \frac{m}{1+m^2}$$

이 극한값은 m의 값에 따라서 변하므로 $f(x,\ y)$는 $(0,\ 0)$에서 극한값이 없다. ◆

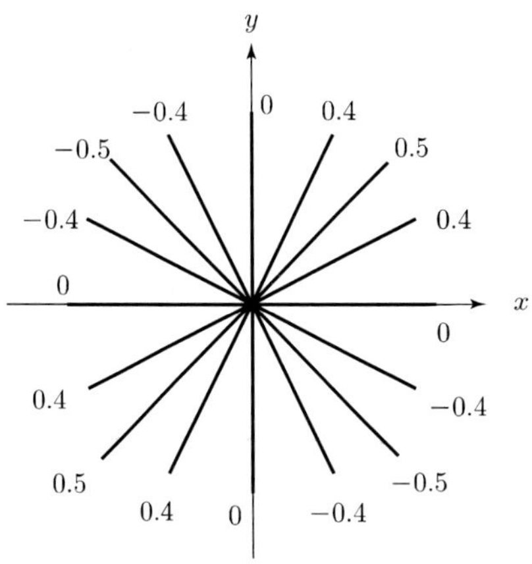

[그림 3.8]

연습문제 3.2

※ (1~8) 다음 극한이 존재할 경우 극한을 구하고, 존재하지 않으면 그 이유를 설명하여라.

01. $\lim_{(x,\ y)\to(0,\ 0)} \dfrac{y^4}{x^3+3y^4}$

02. $\lim_{(x,\ y)\to(0,\ 0)} \dfrac{xy\cos y}{3x^2+y^2}$

03. $\lim_{(x,\ y)\to(0,\ 0)} \dfrac{xy}{\sqrt{x^2+y^2}}$

04. $\lim_{(x,\ y)\to(0,\ 0)} \dfrac{x^2y}{x^4+4y^2}$

05. $\lim_{(x,\ y)\to(0,\ 0)} \dfrac{x^2+y^2}{\sqrt{x^2+y^2+1}-1}$

06. $\lim_{(x,\ y)\to(0,\ 0)} \dfrac{x^3+y^3}{x^2+y^2}$

07. $\lim_{(x,\ y)\to(0,\ 0)} \dfrac{xy}{|xy|}$

08. $\lim_{(x,\ y)\to(0,\ 0)} \dfrac{x+y}{x-y}$

※ (9~12) 다음 함수의 연속인 영역을 구하라.

09. $f(x,\ y)=\dfrac{1}{x^2-y}$

10. $f(x,\ y)=\ln(x^2+y^2-4)$

11. $f(x,\ y)=\begin{cases} \dfrac{x^2y^3}{x^2+y^2}, & (x,\ y)\neq(0,\ 0) \\ 1, & (x,\ y)=(0,\ 0) \end{cases}$

12. $f(x,\ y)=\begin{cases} \dfrac{x^2}{x^2+y^2}, & (x,\ y)\neq(0,\ 0) \\ 0, & (x,\ y)=(0,\ 0) \end{cases}$

3.3 편도함수

CALCULUS

편도함수는 이변수 이상의 함수의 변화율에 대한 개념이며, 기본적으로는 일변수 함수의 도함수와 동일하다. 편도함수는 함수의 독립변수들 중에서 한 변수만 변수로 생각하고 나머지 변수는 상수로 취급하여 얻은 도함수이다. 이 절에서는 편도함수를 어떻게 정의하고 기하학적으로 어떤 의미를 가지고 있으며, 일변수 함수의 도함수에서 이미 알고 있는 법칙들을 어떻게 응용하여 계산할 수 있는가를 살펴보자.

함수 $z=f(x,\ y)$가 주어졌을 때, 만약 $y=b$를 고정하면 오직 x만의 함수 $z=f(x,\ b)$가 된다. 기하학적으로 $z=f(x,\ b)$는 $z=f(x,\ y)$와 수직평면 $y=b$가 교차하는 곡선이 된다[그림 3.9]. 점 $(a,\ b)$에서 x에 관한 변화율은 곡선 $z=f(x,\ b)$의 기울기가 되며, 이것이 편도함수이다. 즉, 점 $(a,\ b)$에서 x에 관한 f의 편도함수는 $y=b$로 고정하고 점 $x=a$에서 x에 대한 함수 f의 도함수이다. 편도함수와 도함수를 구별하기 위하여 도함수에서 사용한 기호 d와는 다르게 ∂를 사용한다.

변수 y에 대해서도 같은 방법이 적용된다. 점 $(a,\ b)$에서 y에 관한 f의 편도함수는 $x=a$로 고정하고 점 $y=b$에서 y에 대한 함수 f의 도함수이다[그림 3.10].

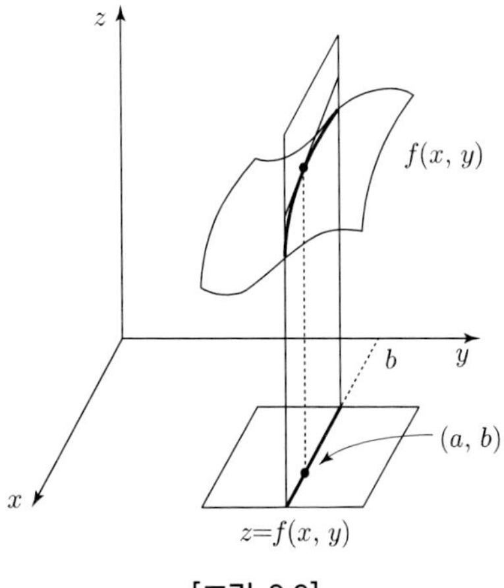

[그림 3.9]

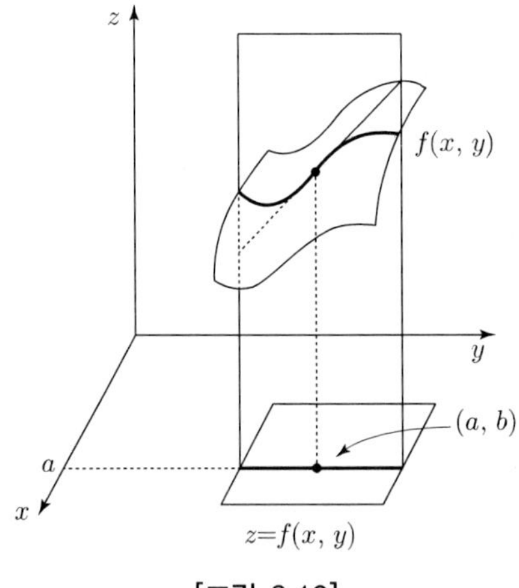

[그림 3.10]

정의 3.6 **편도함수**

점$(a,\ b)$에서의 x에 관한 $f(x,\ y)$의 편도함수는 극한이 존재하면 다음과 같다.

$$\frac{\partial f}{\partial x}(a,\ b)= \lim_{\Delta x \to 0} \frac{f(a+\Delta x,\ b)-f(a,\ b)}{\Delta x}$$

점$(a,\ b)$에서의 y에 관한 $f(x,\ y)$의 편도함수는 극한이 존재하면 다음과 같다.

$$\frac{\partial f}{\partial y}(a,\ b)= \lim_{\Delta y \to 0} \frac{f(a,\ b+\Delta y)-f(a,\ b)}{\Delta y}$$

편도함수를 나타내기 위하여 ∂외에서 다음과 같은 다양한 기호가 사용된다.

$$\frac{\partial f}{\partial x}(x,\ y),\ f_x(x,\ y),\ \frac{\partial f}{\partial x},\ f_x,\ \frac{\partial z}{\partial x},\ D_x f,$$

$$\frac{\partial f}{\partial y}(x,\ y),\ f_y(x,\ y),\ \frac{\partial f}{\partial y},\ f_y,\ \frac{\partial z}{\partial y},\ D_y f$$

$\partial f/\partial x,\ \partial f/\partial y$의 정의는 한 점에서 f를 미분하는 두 가지 다른 방법을 보여준다. x에 관해서 미분할 때에서는 y를 상수로 취급하고, y에 관해서 미분할 때에서는 x를 상수로 간주한다.

예제 3.9 함수 $f(x,\ y)= x^2+3xy-8y$에 대하여 $f_x(2,\ -1)$와 $f_y(2,\ -1)$를 구하라.

풀이 y를 상수로 생각하고 x에 관하여 미분하면

$$f_x(x,\ y)=2x+3y,\quad f_x(2,\ -1)=1$$

x를 상수로 생각하고 y에 관하여 미분하면

$$f_y(x,\ y)=3x-8,\quad f_y(2,\ -1)=-2$$

◆

예제 3.10 함수 $f(x,\ y)=e^{-x}\sin(x+2y)$에 대하여 $f_x\left(0,\ \frac{\pi}{4}\right)$와 $f_y\left(0,\ \frac{\pi}{4}\right)$를 구하라.

풀이

$$f_x(x,\ y)=-e^{-x}\sin(x+2y)+e^{-x}\cos(x+2y)$$

$$= e^{-x}(\cos(x+2y) - \sin(x+2y))$$

$$f_x\left(0,\ \frac{\pi}{4}\right) = e^0\left(\cos\frac{\pi}{2} - \sin\frac{\pi}{2}\right) = -1$$

$$f_y(x,\ y) = 2e^{-x}\cos(x+2y)$$

$$f_y\left(0,\ \frac{\pi}{4}\right) = 2e^0\cos\frac{\pi}{2} = 0$$

◆

음함수 미분법을 이용하여 도함수를 구하는 것과 같은 방법으로 편도함수를 구해보자.

예제 3.11 음함수 편미분법

방정식 $yz - \ln z = x + y$에서 z가 2개의 독립변수 x와 y에 대한 함수이고 편도함수가 존재할 때 $\frac{\partial z}{\partial x}$를 구하라.

풀이 방정식의 양변에서 y를 상수로 취급하고 식의 양변을 x에 관하여 미분하면

$$\frac{\partial}{\partial x}(yz) - \frac{\partial}{\partial x}(\ln z) = 1 + 0$$

$$y\frac{\partial z}{\partial x} - \frac{1}{z}\frac{\partial z}{\partial x} = 1$$

$$\frac{\partial z}{\partial x} = \frac{z}{yz-1}$$

◆

이변수 이상의 함수

삼변수 이상의 함수들의 편도함수는 이변수 함수와 비슷하게 정의된다. 이들은 일변수에 대한 도함수이고 나머지 독립변수들은 상수로 간주한다.

예제 3.12 함수 $f(x,\ y,\ z) = \sin(x^2y - z)$에 대하여 $f_x(1,\ 0,\ 0)$와 $f_z(1,\ 0,\ 0)$를 구하라.

풀이 f_x를 구하기 위하여 $y,\ z$는 상수 취급한다.

$$f_x(x,\ y,\ z) = 2xy\cos(x^2y - z), \quad f_x(1,\ 0,\ 0) = 0$$

마찬가지로

$$f_z(x,\ y,\ z) = -\cos(x^2y - z), \qquad f_z(1,\ 0,\ 0) = -1$$ ◆

편도함수와 연속성

일변수 함수인 경우 미분가능하면 연속이 된다. 그러나 이변수 함수 $f(x,\ y)$는 불연속인 점에서도 x와 y에 대한 편도함수를 가질 수 있다. 이것이 일변수 함수와 다른 점이다.

예제 3.13 $f(x,\ y) = \begin{cases} \dfrac{xy}{x^2+y^2}, & (x,\ y) \neq (0,\ 0) \\ 0, & (x,\ y) = (0,\ 0) \end{cases}$

(1) $f(x,\ y)$는 $(0,\ 0)$에서 연속인가?

(2) $f_x(0,\ 0)$와 $f_y(0,\ 0)$는 존재하는가?

풀이 (1) 앞 절 예제 3.8에서 $f(x,\ y)$는 $(0,\ 0)$에서 극한값이 존재하지 않기 때문에 연속이 아니다.

(2)
$$f_x(0,\ 0) = \lim_{h \to 0} \frac{f(h,\ 0) - f(0,\ 0)}{h} = \lim_{h \to 0} \frac{\dfrac{h \cdot 0}{h^2+0^2} - 0}{h} = 0$$

$$f_y(0,\ 0) = \lim_{k \to 0} \frac{f(0,\ k) - f(0,\ 0)}{k} = \lim_{k \to 0} \frac{\dfrac{0 \cdot k}{0^2+k^2} - 0}{k} = 0$$

그러므로 $f(x,\ y)$는 $(0,\ 0)$에서 불연속이지만 편도함수는 존재한다. ◆

예제 3.13에도 불구하고 한 점에서의 미분가능성은 연속성을 나타냄은 다변수 함수에서도 성립한다. 예제 3.13를 통해서 알 수 있듯이 다변수에서 미분가능성은 단지 편도함수의 존재성보다 좀 더 강한 조건이 필요하다. 다음 절에서 이변수 함수의 미분가능성을 정의할 것이다.

고계 편도함수

함수 $f(x, y)$를 두 번 미분하면 2계 도함수를 얻는다. 이 도함수들은 다음과 같이 나타낸다.

$$\frac{\partial^2 f}{\partial x^2},\ \frac{\partial^2 f}{\partial y^2},\ \frac{\partial^2 f}{\partial x \partial y},\ \frac{\partial^2 f}{\partial y \partial x}$$

이렇게 표현할 수도 있다.

$$\frac{\partial^2 f}{\partial x^2} = \frac{\partial}{\partial x}\left(\frac{\partial f}{\partial x}\right),\quad \frac{\partial^2 f}{\partial x \partial y} = \frac{\partial}{\partial x}\left(\frac{\partial f}{\partial y}\right)$$

여기서 미분하는 순서에 주의하라. 또한 줄여서

$$f_{xx},\ f_{yx}$$

등으로 표현하기도 한다. 더 높은 차수의 편도함수도 비슷하게 표현할 수 있다.

예제 3.14 $f(x, y) = x\cos y + ye^x$일 때 $\frac{\partial^2 f}{\partial x^2},\ \frac{\partial^2 f}{\partial x \partial y},\ \frac{\partial^2 f}{\partial y^2},\ \frac{\partial^2 f}{\partial y \partial x}$를 구하라.

풀이

$$\frac{\partial f}{\partial x} = \cos y + ye^x,\quad \frac{\partial f}{\partial y} = -x\sin y + e^x$$

그러므로

$$\frac{\partial^2 f}{\partial y \partial x} = \frac{\partial}{\partial y}\left(\frac{\partial f}{\partial x}\right) = -\sin y + e^x,\quad \frac{\partial^2 f}{\partial x^2} = \frac{\partial}{\partial x}\left(\frac{\partial f}{\partial x}\right) = ye^x,$$

$$\frac{\partial^2 f}{\partial x \partial y} = \frac{\partial}{\partial x}\left(\frac{\partial f}{\partial y}\right) = -\sin y + e^x,\quad \frac{\partial^2 f}{\partial y^2} = \frac{\partial}{\partial y}\left(\frac{\partial f}{\partial y}\right) = -x\cos y$$

◆

예제 3.14에서 2계 편도함수

$$\frac{\partial^2 f}{\partial x \partial y},\ \frac{\partial^2 f}{\partial y \partial x}$$

가 같음에 주목하라.

정리 3.1 **클레로의 정리**

$f(x, y)$와 그 도함수 f_x, f_y, f_{xy}, f_{yx}가 점 (a, b)의 근방에서 정의되고 (a, b)에서 모두 연속이면 다음이 성립한다.

$$f_{xy}(a, b) = f_{yx}(a, b)$$

정리 3.1에 의해 2계 편도함수를 구할 때 이들이 연속이기만 하면 어떤 순서로 미분하는지는 관계가 없다는 것을 알 수 있다. 이것은 우리에게 매우 편리하다.

연습문제 3.3

※ (1~8) 다음 함수들에 대해 $\dfrac{\partial f}{\partial x}$, $\dfrac{\partial f}{\partial y}$를 구하라.

01. $f(x, y) = 3x - 2y^4$

02. $f(x, y) = xe^{3y}$

03. $f(x, y) = (2x + 3y)^{10}$

04. $f(x, y) = \dfrac{x - y}{x + y}$

05. $f(x, y) = \sin x \cos y$

06. $f(x, y) = x \ln(x^2 + y^2)$

07. $f(x, y) = xe^{\frac{y}{x}}$

08. $f(x, y) = \sin^2(x - 3y)$

※ (9~12) 다음 함수들에 대해 f_x, f_y, f_z를 구하라.

09. $f(x, y, z) = xz - 5x^2y^3z^4$

10. $f(x, y, z) = xy \sin^{-1}(yz)$

11. $f(x, y, z) = \dfrac{1}{\sqrt{x^2+y^2+z^2}}$

12. $f(x, y, z) = \sinh(xy - z^2)$

※ (13~14) 음함수 미분법을 이용하여 $\dfrac{\partial z}{\partial x}$, $\dfrac{\partial z}{\partial y}$를 구하라.

13. $x^2 + y^2 + z^2 = 3xyz$

14. $xz + y\ln x - x^4 + 4 = 0$

※ (15~18) 다음 함수들의 2계 편도함수를 구하라.

15. $f(x, y) = x + y + xy$

16. $f(x, y) = \sin(xy)$

17. $f(x, y) = x^2y + \cos y + y\sin x$

18. $f(x, y, z) = \ln(x+y)$

※ (19~20) 다음 함수들에 대해 클레로의 정리 $f_{xy} = f_{yx}$가 성립함을 보여라.

19. $f(x, y) = x\sin(x+2y)$

20. $f(x, y) = \ln\sqrt{x^2+y^2}$

21. 함수 $u = e^{-a^2k^2t}\sin kx$가 열전도방정식 $u_t = a^2u_{xx}$의 해임을 보여라.

22. 함수 $u = \dfrac{1}{\sqrt{x^2+y^2+z^2}}$이 라플라스방정식 $u_{xx} + u_{yy} + u_{zz} = 0$의 해임을 보여라.

3.4 전미분과 접평면

CALCULUS

미분가능성에 대한 출발점은 증분에 대한 생각이다. 일변수 함수에서 배운 것을 상기하면, $y=f(x)$가 $x=a$에서 미분가능하면 x의 값이 a에서 $a+\Delta x$로 변할 때 f의 값의 변화량은 다음의 식으로 주어진다.

$$\Delta y = f'(a)\,\Delta x + \epsilon\,\Delta x$$

여기서 $\Delta x \to 0$일 때 $\epsilon \to 0$이다. 이변수 함수에서도 비슷한 성질이 성립한다.

정리 3.2 이변수 함수에 대한 증분정리

$f(x,\ y)$의 1계 편도함수가 점 $(a,\ b)$의 근방에서 정의되고, f_x와 f_y가 $(a,\ b)$에서 연속이라고 가정하자. $(a,\ b)$에서 f의 값의 증분(또는 변화량)

$$\Delta z = f(a+\Delta x,\ b+\Delta y) - f(a,\ b)$$

은 다음 식을 만족한다.

$$\Delta z = f_x(a,\ b)\,\Delta x + f_y(a,\ b)\,\Delta y + \epsilon_1\,\Delta x + \epsilon_2\,\Delta y$$

여기서 $\Delta x,\ \Delta y \to 0$일 때 각각의 $\epsilon_{1},\ \epsilon_2 \to 0$이다.

증명 증분 Δz는

$$\begin{aligned}\Delta z &= f(a+\Delta x,\ b+\Delta y) - f(a,\ b)\\ &= f(a+\Delta x,\ b+\Delta y) - f(a,\ b+\Delta y) + f(a,\ b+\Delta y) - f(a,\ b) \qquad (1)\end{aligned}$$

로 쓸 수 있다. 여기서 평균값 정리를 적용하면,

$$f(a+\Delta x,\ b+\Delta y) - f(a,\ b+\Delta y) = \Delta x \frac{\partial}{\partial x} f(a+\theta_1 \Delta x,\ b+\Delta y),\quad 0<\theta_1<1$$

$$f(a,\ b+\Delta y) - f(a,\ b) = \Delta y \frac{\partial}{\partial y} f(a,\ b+\theta_2 \Delta y),\ \ 0<\theta_2<1$$

이들을 식 (1)에 대입하면

$$\Delta z = f_x(a+\theta_1 \Delta x,\ b+\Delta y)\Delta x + f_y(a,\ b+\theta_2 \Delta y)\Delta y \tag{2}$$

가 된다. f_x, f_y는 $(a,\ b)$에서 연속이므로

$$\begin{aligned} f_x(a+\theta_1 \Delta x,\ b+\Delta y) &= f_x(a,\ b)+\varepsilon_1 \\ f_y(a,\ b+\theta_2 \Delta y) &= f_y(a,\ b)+\varepsilon_2 \end{aligned} \tag{3}$$

여기서 $\Delta x \to 0$, $\Delta y \to 0$일 때 $\varepsilon_1 \to 0$, $\varepsilon_2 \to 0$가 된다. 식 (3)을 식 (2)에 대입하면 증명이 된다. ◆

정의 3.7 전미분

함수 $z=f(x,\ y)$에 대해

$$dz = f_x(x,\ y)\,dx + f_y(x,\ y)\,dy$$

를 f의 **전미분**(total differentiation)이라고 한다.

$dx=\Delta x$, $dy=\Delta y$로 취하면 정리 3.2로부터 변화량 Δz는 전미분 dz와 근사적으로 같음을 알 수 있다.

예제 3.15 함수 $z=x^2-3xy^2$에서 증분과 전미분을 구하라.

풀이 증분:

$$\begin{aligned} \Delta z &= [(x+\Delta x)^2 - 3(x+\Delta x)(y+\Delta y)^2] - (x^2-3xy^2) \\ &= (2x-3y^2)\Delta x - 6xy\Delta y + (\Delta x)^2 - 3x(\Delta y)^2 \\ &\quad - 6x\Delta x\Delta y - 3\Delta x(\Delta y)^2 \end{aligned}$$

전미분:

$$dz = \frac{\partial z}{\partial x}dx + \frac{\partial z}{\partial y}dy = (2x-3y^2)\,dx - 6xy\,dy$$

◆

이제 이변수 함수의 미분가능성을 정의하자.

정의 3.8 **미분가능한 함수**

함수 $z=f(x,\ y)$에 대해 $f_x(a,\ b)$와 $f_y(a,\ b)$가 존재하고 Δz가 다음 식을 만족하면 f는 점 $(a,\ b)$에서 **미분가능**이라고 한다.

$$\Delta z = f_x(a,\ b)\,\Delta x + f_y(a,\ b)\,\Delta y + \epsilon_1 \Delta x + \epsilon_2 \Delta y$$

여기서 $\Delta x,\ \Delta y \to 0$이면 $\epsilon_1,\ \epsilon_2 \to 0$이다.

정의에 의해 1계 편도함수가 연속이면 미분가능하다는 다음의 정리를 얻을 수 있다.

따름정리 3.3 **편도함수의 연속성은 미분가능성을 의미**

$f(x,\ y)$의 편도함수가 f_x와 f_y가 점 $(a,\ b)$의 근방에서 정의되고 $(a,\ b)$에서 연속이면, f는 $(a,\ b)$에서 미분가능하다.

$z=f(x,\ y)$가 미분가능하면 정의에 의해서 $\Delta x,\ \Delta y$가 0에 접근할 때 $\Delta z = f(a+\Delta x,\ b+\Delta y) - f(a,\ b)$은 0에 접근한다. 이 사실은 이변수 함수가 미분가능인 모든 점에서 연속임을 나타낸다.

정리 3.4 **미분가능성은 연속성을 의미**

함수 $f(x,\ y)$가 $(a,\ b)$에서 미분가능하면 f는 $(a,\ b)$에서 연속이다.

접평면

함수 $z=f(x,\ y)$가 $(a,\ b)$에서 미분가능하면, 곡선 $z=f(x,\ b)$는 평면 $y=b$ 위에서 접선 L_1을 갖고, 곡선 $z=f(a,\ y)$는 평면 $x=a$ 위에서 접선 L_2을 갖는다.

$$L_1:\ z-f(a,\ b)=f_x(a,\ b)(x-a)$$
$$L_2:\ z-f(a,\ b)=f_y(a,\ b)(y-b)$$

L_1과 L_2로 이루어진 평면을 **접평면**(tangent plane)이라 부른다. 그 방정식은 다음과

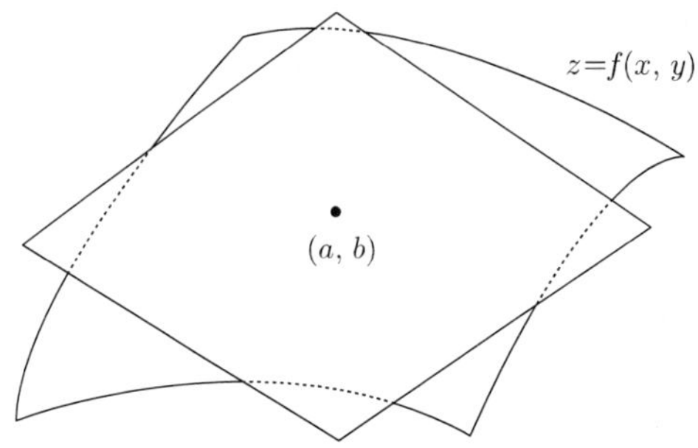

[그림 3.11] 접평면

같다.

$$z - f(a,\ b) = f_x(a,\ b)(x-a) + f_y(a,\ b)(y-b)$$

예제 3.16 함수 $z = 1 + \sin(2x+3y)$ 위의 점 $(0,\ 0)$에서의 접평면의 식을 구하라.

풀이

$$\frac{\partial z}{\partial x}(x,\ y) = 2\cos(2x+3y),\quad \frac{\partial z}{\partial x}(0,\ 0) = 2$$

$$\frac{\partial z}{\partial y}(x,\ y) = 3\cos(2x+3y),\quad \frac{\partial z}{\partial x}(0,\ 0) = 3$$

따라서 접평면의 식은 $z - 1 = 2(x-0) + 3(y-0)$ ◆

예제 3.17 구 $x^2 + y^2 + z^2 = 14$ 위의 점 $(1,\ 2,\ 3)$에서 접평면의 식을 구하라.

풀이 구 윗부분의 식은 $z = \sqrt{14 - x^2 - y^2}$ 이다. 여기서

$$\frac{\partial z}{\partial x}(x,\ y) = -\frac{x}{\sqrt{14-x^2-y^2}} = -\frac{x}{z},\quad \frac{\partial z}{\partial x}(1,\ 2) = -\frac{1}{3}$$

$$\frac{\partial z}{\partial y}(x,\ y) = -\frac{y}{\sqrt{14-x^2-y^2}} = -\frac{y}{z},\quad \frac{\partial z}{\partial x}(1,\ 2) = -\frac{2}{3}$$

그러므로 접평면의 식은 $z = -\frac{1}{3}(x-1) - \frac{2}{3}(y-2)$, 즉 $x + 2y + 3z = 14$

◆

연습문제 3.4

※ (1~4) 다음 함수의 증분과 전미분을 구하라.

01. $f(x, y) = xy$

02. $f(x, y) = x^2y^2$

03. $f(x, y) = x^2 + 3xy - y^2$

04. $f(x, y) = \cos x - \sin y$

※ (5~9) 주어진 점에서 접평면의 방정식을 구하라.

05. $z = 4x^2 - y^2 + 2y$, $(-1, 2, 4)$

06. $z = \sqrt{xy}$, $(1, 1, 1)$

07. $z = y\cos(x - y)$, $(2, 2, 2)$

08. $z = e^{-(x^2+y^2)}$, $(0, 0, 1)$

09. $z = x\cos y - ye^x$, $(0, 0, 0)$

3.5 연쇄법칙

CALCULUS

연쇄법칙은 여러 변수들이 서로 의존할 때 미분을 구하는 방법이다. 연쇄법칙은 여러 가지 형태가 있으며, 전형적인 경우로 함수 f가 x와 y에 의존하고 x와 y가 t에 의존할 때이다.

정리 3.5 이변수 함수에 대한 연쇄법칙

$z=f(x, y)$가 연속인 편도함수 f_x와 f_y를 가지고, $x=x(t)$와 $y=y(t)$가 t에 관해서 미분가능하면, 합성함수 $z=f(x(t), y(t))$는 t에 관해서 미분가능하고

$$\frac{dz}{dt}=\frac{\partial f}{\partial x}\frac{dx}{dt}+\frac{\partial f}{\partial y}\frac{dy}{dt}$$

증명 정리 3.2에 의해

$$\Delta z=\frac{\partial f}{\partial x}\Delta x+\frac{\partial f}{\partial y}\Delta y+\varepsilon_1\Delta x+\varepsilon_2\Delta y$$

여기서 $\Delta x\to 0$, $\Delta y\to 0$이면 $\varepsilon_1\to 0$, $\varepsilon_2\to 0$이다. 양변을 Δt로 나누면

$$\frac{\Delta z}{\Delta t}=\frac{\partial f}{\partial t}\frac{\Delta x}{\Delta t}+\frac{\partial f}{\partial y}\frac{\Delta y}{\Delta t}+\varepsilon_1\frac{\Delta x}{\Delta t}+\varepsilon_2\frac{\Delta x}{\Delta t}$$

만약 $\Delta t\to 0$이면 $\Delta x\to 0$, $\Delta y\to 0$이고 차례로 $\varepsilon_1\to 0$, $\varepsilon_2\to 0$이다. 따라서

$$\frac{dz}{dt}=\frac{\partial f}{\partial x}\frac{dx}{dt}+\frac{\partial f}{\partial y}\frac{dy}{dt}+0\cdot\frac{\partial x}{\partial t}+0\cdot\frac{\partial x}{\partial t}$$ ◆

아래에 주어진 **트리 그림(tree diagram)**을 이용하면 연쇄법칙을 쉽게 기억할 수 있다. 사실상의 독립변수는 t이고 x와 y는 중간변수이고, z는 종속변수이다. $\frac{dz}{dt}$를 구하기 위해 z에서 시작하여 t로 향하는 각 경로를 읽어 내려가면서 그 경로상에 있는 도함수를 곱한 후 그 곱들을 더하면 된다.

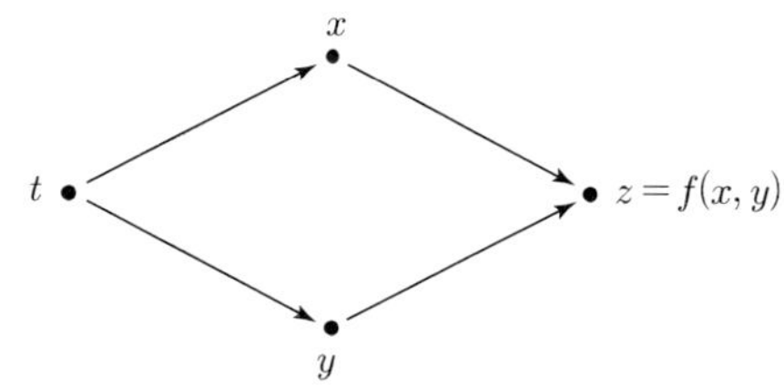

[그림 3.12] 연쇄법칙

예제 3.18 $z = 3x^2y^3,\ x = t^4,\ y = t^2$일 때 $\dfrac{dz}{dt}$를 구하라.

풀이

$$\begin{aligned}\frac{dz}{dt} &= \frac{\partial z}{\partial x}\frac{dx}{dt} + \frac{\partial z}{\partial y}\frac{dy}{dt} \\ &= (6xy^3)(4t^3) + (9x^2y^2)(2t) \\ &= 6(t^4)(t^2)^3(4t^3) + 9(t^4)^2(t^2)^2(2t) \\ &= 24t^{13} + 18t^{13} = 42t^{13}\end{aligned}$$

◆

이 예제에서 더욱 직접적인 방법으로 결과를 확인할 수 있다. t에 관한 함수로서 z는 다음과 같다.

$$z = 3x^2y^3 = 3(t^4)^2(t^2)^3 = 3t^{14}$$

그러므로 $\dfrac{dz}{dt} = 42t^{13}$를 얻을 수 있다.

예제 3.19 $z = x\ln y,\ x = t^2,\ y = e^t$일 때 $\dfrac{dz}{dt}$를 구하라.

풀이

$$\frac{\partial z}{\partial x} = \ln y, \qquad \frac{\partial z}{\partial y} = \frac{x}{y},$$

$$\frac{dx}{dt} = 2t, \qquad \frac{dy}{dt} = e^t$$

이므로

$$
\begin{aligned}
\frac{dz}{dt} &= \frac{\partial z}{\partial x}\frac{dx}{dt} + \frac{\partial z}{\partial y}\frac{dy}{dt} \\
&= (\ln e^t)\,2t + \frac{t^2}{e^t}e^t \\
&= 3t^2
\end{aligned}
$$ ◆

삼변수 함수

이제는 삼변수에 대한 연쇄법칙을 생각해 볼 수 있다. 삼변수 함수에 대해서는 이변수에 대한 식에서 세 번째 항만 더해주면 된다.

정리 3.6 삼변수 함수에 대한 연쇄법칙

$w = f(x,\ y,\ z)$가 미분가능이고 $x,\ y,\ z$가 t에 관해서 미분가능이면, z는 t에 관해서 미분가능하고

$$\frac{dw}{dt} = \frac{\partial f}{\partial x}\frac{dx}{dt} + \frac{\partial f}{\partial y}\frac{dy}{dt} + \frac{\partial f}{\partial z}\frac{dz}{dt}$$

예제 3.20 $w = xy + z,\ x = \cos t,\ y = \sin t,\ z = t$일 때 $\dfrac{dw}{dt}$를 구하라.

풀이

$$
\begin{aligned}
\frac{dw}{dt} &= \frac{\partial w}{\partial x}\frac{dx}{dt} + \frac{\partial w}{\partial y}\frac{dy}{dt} + \frac{\partial w}{\partial z}\frac{dy}{dt} \\
&= (y)(-\sin t) + (x)(\cos t) + (1)(1) \\
&= (\sin t)(-\sin t) + (\cos t)(\cos t) + 1 \\
&= \cos 2t + 1
\end{aligned}
$$ ◆

독립변수가 두 개인 함수

독립변수가 두 개인 함수에 대한 연쇄법칙은 다음과 같다.

정리 3.7 두 개의 독립변수에 대한 연쇄법칙

$z=f(x,\ y),\ x=g(s,\ t),\ y=h(s,\ t)$라고 하자. 이 세 개의 함수가 미분가능이면 z는 s과 t에 관해서 미분가능하고

$$\frac{\partial z}{\partial s}=\frac{\partial f}{\partial x}\frac{\partial x}{\partial s}+\frac{\partial f}{\partial y}\frac{\partial y}{\partial s},\qquad \frac{\partial z}{\partial t}=\frac{\partial f}{\partial x}\frac{\partial x}{\partial t}+\frac{\partial f}{\partial y}\frac{\partial y}{\partial t}$$

정리 3.7의 첫 번째 식은 t를 고정하고 s에 관하여 정리 3.5의 연쇄법칙을 적용하면 얻을 수 있다. 두 번째 식도 유사하게 구할 수 있다.이 연쇄법칙에 대한 트리 그림은 아래와 같다.

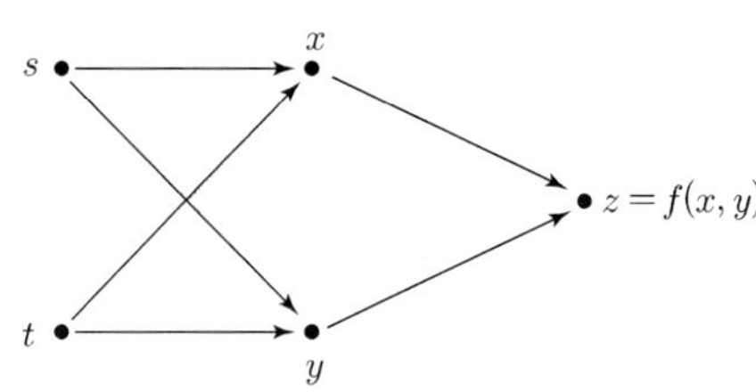

[그림 3.13]

예제 3.21 $z=\dfrac{x^2}{y},\ x=st,\ y=s^2-t^2$일 때 $\dfrac{\partial z}{\partial s}$와 $\dfrac{\partial z}{\partial t}$를 구하라.

풀이

$$\frac{\partial z}{\partial s}=\frac{\partial z}{\partial x}\frac{\partial x}{\partial s}+\frac{\partial z}{\partial y}\frac{\partial y}{\partial s}=\frac{2x}{y}t-\frac{x^2}{y^2}(2s)=\frac{2st^2}{s^2-t^2}-\frac{2s^3t^2}{(s^2-t^2)^2}$$

$$\frac{\partial z}{\partial t}=\frac{\partial z}{\partial x}\frac{\partial x}{\partial t}+\frac{\partial z}{\partial y}\frac{\partial z}{\partial t}=\frac{2x}{y}s-\frac{x^2}{y^2}(-2t)=\frac{2s^2t}{s^2-t^2}+\frac{2s^2t^3}{(s^2-t^2)^2}$$ ◆

예제 3.22 z가 $x,\ y$에 의존하고 $x=r\cos\theta,\ y=r\sin\theta$일 때 $\dfrac{\partial z}{\partial r}$와 $\dfrac{\partial z}{\partial \theta}$를 구하라.

풀이

$$\frac{\partial z}{\partial r}=\frac{\partial z}{\partial x}\frac{\partial x}{\partial r}+\frac{\partial z}{\partial y}\frac{\partial y}{\partial r}=\frac{\partial z}{\partial x}\cos\theta+\frac{\partial z}{\partial y}\sin\theta$$

$$\frac{\partial z}{\partial \theta}=\frac{\partial z}{\partial x}\frac{\partial x}{\partial \theta}+\frac{\partial z}{\partial y}\frac{\partial y}{\partial \theta}=-\frac{\partial z}{\partial x}r\sin\theta+\frac{\partial z}{\partial y}r\cos\theta$$ ◆

음함수의 미분

정리 3.5의 이변수에 관한 연쇄법칙을 이용하여 음함수의 미분에 필요한 과정을 유도할 수 있다. 독립변수가 두 개인 함수에 대한 연쇄법칙은 다음과 같다.

정리 3.8 음함수의 미분

$F(x, y)$는 미분가능하고, 방정식 $F(x, y)=0$에 의하여 y가 x에 관하여 미분가능한 함수로 정의되어 있으면, $F_y \neq 0$인 모든 점에서 다음과 같다.

$$\frac{dy}{dx} = -\frac{F_x}{F_y}$$

증명 $z=F(x, y)=0$라 두면 y가 x의 함수이므로

$$0=\frac{dz}{dx}=F_x\frac{dx}{dx}+F_y\frac{dy}{dx}$$
$$=F_x\cdot 1+F_y\frac{dy}{dx}$$

$F_y \neq 0$이면 위 식을 dy/dx에 관하여 풀 수 있다.

$$\frac{dy}{dx} = -\frac{F_x}{F_y}$$ ◆

이 식을 이용하여 음함수의 도함수를 간단하게 구할 수 있다.

예제 3.23 $y^2-x^2-\sin xy=0$일 때 $\frac{dy}{dx}$를 구하라.

풀이 $F(x, y)=y^2-x^2-\sin xy$라 두자.

$$\frac{dy}{dx} = -\frac{F_x}{F_y} = -\frac{-2x-y\cos xy}{2y-x\cos xy} = \frac{2x+y\cos xy}{2y-x\cos xy}$$ ◆

정리 3.8은 이변수 이상의 함수에 대해서도 일반화된다. 삼변수에 대한 음함수 미분법은 다음과 같다.

정리 3.9 **음함수의 미분**

방정식 $F(x, y, z)=0$은 z가 x, y에 관하여 미분가능한 함수로 정의되어 있으면, $F_z \neq 0$ 인 모든 점에서 다음과 같다.

$$\frac{\partial z}{\partial x}=-\frac{F_x}{F_z}, \quad \frac{\partial z}{\partial y}=-\frac{F_y}{F_z}$$

증명 $F(x, y, z)=0$를 x에 관해 미분하면

$$\frac{\partial F}{\partial x}\frac{\partial x}{\partial x}+\frac{\partial F}{\partial y}\frac{\partial y}{\partial x}+\frac{\partial F}{\partial z}\frac{\partial z}{\partial x}=0$$

이다. 여기서 $\frac{\partial x}{\partial x}=1$ 이고 $\frac{\partial y}{\partial x}=0$ 이므로

$$\frac{\partial F}{\partial x}+\frac{\partial F}{\partial z}\frac{\partial z}{\partial x}=0$$

이다. 따라서 $F_z \neq 0$ 이면

$$\frac{\partial z}{\partial x}=-\frac{F_x}{F_z}$$

을 얻는다. $\frac{\partial z}{\partial y}$ 에 대한 공식도 $F(x, y, z)=0$를 y에 관해 미분하면 비슷한 과정에 의해 얻어진다. ◆

예제 3.24 $x^3+y^3+z^3+6xy=1$ 일 때 $\frac{\partial z}{\partial x}$, $\frac{\partial z}{\partial y}$ 를 구하라.

풀이 $F(x, y, z)=x^3+y^3+z^3+6xy-1$ 이라 하자.

$$\frac{\partial z}{\partial x}=-\frac{F_x}{F_z}=-\frac{3x^2+6xy}{3z^2+6xy}=-\frac{x^2+2xy}{z^2+2xy}$$

$$\frac{\partial z}{\partial y}=-\frac{F_y}{F_z}=-\frac{3y^2+6xy}{3z^2+6xy}=-\frac{y^2+2xy}{z^2+2xy}$$ ◆

연습문제 3.5

※ (1~4) 연쇄법칙을 이용하여 $\frac{dz}{dt}$ 또는 $\frac{dw}{dt}$를 구하라.

01. $z = x^2y + xy^2,\ x = 2 + t^4,\ y = 1 - t^3$

02. $z = \sin x \cos y,\ x = \pi t,\ y = \sqrt{t}$

03. $w = xe^{y/z},\ x = t^2,\ y = 1 - t,\ z = 1 + 2t$

04. $w = \ln(x^2 + y^2 + z^2),\ x = \cos t,\ y = \sin t,\ z = 4\sqrt{t}$

※ (5~7) 연쇄법칙을 이용하여 $\frac{\partial z}{\partial s}$와 $\frac{\partial z}{\partial t}$를 구하라.

05. $z = \sin\theta \cos\phi,\ \theta = st^2,\ \phi = s^2 t$

06. $z = x^2 - y^2,\ x = 2s\cos t,\ y = s\sin t$

07. $z = e^r \cos\theta,\ r = st,\ \theta = \sqrt{s^2 + t^2}$

※ (8~9) 연쇄법칙을 이용하여 주어진 점에서 지시된 편도함수를 구하라.

08. $w = xy + yz + zx,\ x = u + v,\ y = u - v,\ z = uv;$

$\frac{\partial w}{\partial u},\ \frac{\partial w}{\partial v};\ (u,\ v) = (1/2,\ 1)$

09. $z = x^2 + xy^3,\ x = uv^2 + w^3,\ y = u + ve^w;$

$\frac{\partial z}{\partial u},\ \frac{\partial z}{\partial v},\ \frac{\partial z}{\partial w};\ (u,\ v,\ w) = (2,\ 1,\ 0)$

※ (10~11) 정리 3.8을 이용하여 $\dfrac{dy}{dx}$ 를 구하라.

10. $\sqrt{xy} = 1 + x^2 y$

11. $\cos(x - y) = xe^y$

※ (12~14) 정리 3.9를 이용하여 $\dfrac{\partial z}{\partial x}$, $\dfrac{\partial z}{\partial y}$ 를 구하라.

12. $z^3 - xy + yz + y^3 = 2$

13. $\dfrac{1}{x} + \dfrac{1}{y} + \dfrac{1}{z} = 1$

14. $\sin(x+y) + \sin(y+z) + \sin(x+z) = 0$

15. 직사각형의 넓이가 시간에 따라 가로는 $4\,\text{cm/sec}$, 세로는 $-3\,\text{cm/sec}$로 변하고 있다면 가로 $10\,\text{cm}$, 세로는 $30\,\text{cm}$일 때 넓이가 증가하는 순간속도는 얼마인가?

16. $z = f(x, y)$, $x = r\cos\theta$, $y = r\sin\theta$일 때 다음 식이 성립함을 보여라.

$$\left(\frac{\partial z}{\partial x}\right)^2 + \left(\frac{\partial z}{\partial y}\right)^2 = \left(\frac{\partial z}{\partial r}\right)^2 + \frac{1}{r^2}\left(\frac{\partial z}{\partial \theta}\right)^2$$

17. $z = f(x - y)$일 때 $\dfrac{\partial z}{\partial x} + \dfrac{\partial z}{\partial y} = 0$ 임을 보여라.

3장 종합문제

※ (1~2) 다음 함수는 (0, 0)에서 극한값을 갖는가?

01. $\dfrac{x^2+y^2}{x-y}$

02. $\dfrac{x^2y^2}{x^2y^2+(x-y)^2}$

※ (3~5) 1계 편도함수를 구하라.

03. $f(x,\ y)=\sqrt{2x+y^2}$

04. $f(x,\ y)=x\tan^{-1}y$

05. $f(x,\ y,\ z)=x\ln(y+e^z)$

※ (6~7) f의 모든 2계 편도함수를 구하라.

06. $f(x,\ y)=4x^3-xy^2$

07. $f(x,\ y,\ z)=x^ky^lz^m$

※ (8~10) 곡면의 주어진 점에서의 접평면을 구하라.

08. $z=3x^2-y^2+2x,\ (1,\ -2,\ 1)$

09. $x^2+2y^2-3x^2=3,\ (2,\ -1,\ 1)$

10. $\sin(xyz)=x+2y+3z,\ (2,\ -1,\ 0)$

11. $u=x^2y^3+z^4$이고 $x=p+3p^2,\ y=pe^p,\ z=p\sin p$일 때 연쇄법칙을 사용하여 $\dfrac{du}{dp}$를 구하라.

12. $z=\sin\ xy-y^2\cos x,\quad x=u^2v,\ y=\dfrac{1}{v}$일 때 $\dfrac{\partial z}{\partial u},\ \dfrac{\partial z}{\partial v}$를 구하라.

13. $z=\sqrt{x^2+y^2}$일 때 $\dfrac{\partial^2 z}{\partial x^2}\dfrac{\partial^2 z}{\partial y^2}=\left(\dfrac{\partial^2 z}{\partial x\partial y}\right)^2$임을 보여라.

제 4 장

중적분

4.1 직사각형에서의 이중적분

CALCULUS

이 장에서는 앞에서 다루어졌던 일변수 실함수 $y = f(x)$의 주어진 구간 $[a,\ b]$상의 정적분 $\int_a^b f(x)dx$에 대한 개념을 이변수, 또는 삼변수 함수로 확장하려한다. 이 개념은 앞 장에서 우리가 생각할 수 있었던 도형보다 더 일반적인 도형의 부피와 면적을 구하는 데 사용될 수 있다. 이변수 또는 삼변수 함수의 적분을 구하기 위해서는 먼저 적분하려는 함수의 정의역의 모양에 따라서 적분이 쉽거나 어려워질 수 있다는 것에 유의해야 한다.

이 절에서는 이변수 함수 $z = f(x,\ y)$가 R^2의 적당한 부분집합 D에서 정의되어 있을 때 이 함수를 적분하는 방법에 대해서 논의한다. 이러한 적분을 시행하는 데 만나게 되는 가장 어려운 점은 함수의 복잡성뿐만 아니라 함수가 정의된 영역의 모양에 따라서 매우 계산이 어려워질 수 있다. 이 절에서는 가장 간단한 경우로 영역 D가 다음과 같은 직사각형 모양이라 가정한다.

$$D = [a,\ b] \times [c,\ d] = \{(x,\ y) \in R^2 \,|\, a \le x \le b,\ c \le y \le d\}$$

또한 설명을 간단하게 하기 위해서 $f(x,\ y) \ge 0$이라 가정한다.

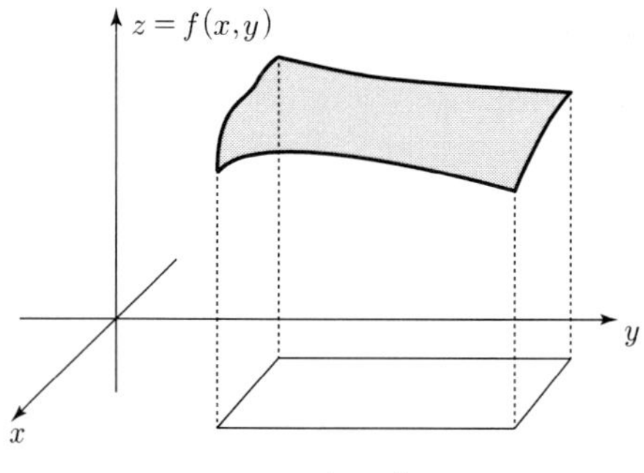

[그림 4.1] $z = f(x,\ y)$**의 그래프**

S를 [그림 4.1]에서와 같이 D 위에 있으며 f의 그래프 아래에 있는 입체라 하자. 즉,

$$S = \{(x,\ y,\ z) \in R^3 | 0 \le z \le f(x,\ y),\ (x,\ y) \in D\}$$

이 절에서 우리의 목적은 입체 S의 부피를 구하려는 것이다.

일변수 실함수의 일반적인 구간에서의 정적분에서와 마찬가지로 구간 $[a, b]$와 $[c, d]$를 각각 m개와 n개의 소구간

$$a = x_0 < x_1 < \cdots < x_m = b$$
$$c = y_0 < y_1 < \cdots < y_n = d$$

로 균등 분할한다. 다시 말해서, $\Delta x = \dfrac{b-a}{m} = x_i - x_{i-1}$ $(1 \le i \le m)$이고 $\Delta y = \dfrac{c-d}{n} = y_j - y_{j-1}$ $(1 \le j \le n)$이 성립하도록 한다. 또한 $\Delta A = \Delta x \times \Delta y$라 정의하고 $D_{i,\,j} = [x_{i-1}, x_i] \times [y_{j-1}, y_j]$이라 하면 $\{D_{i,\,j}\}$는 D의 분할이 된다.

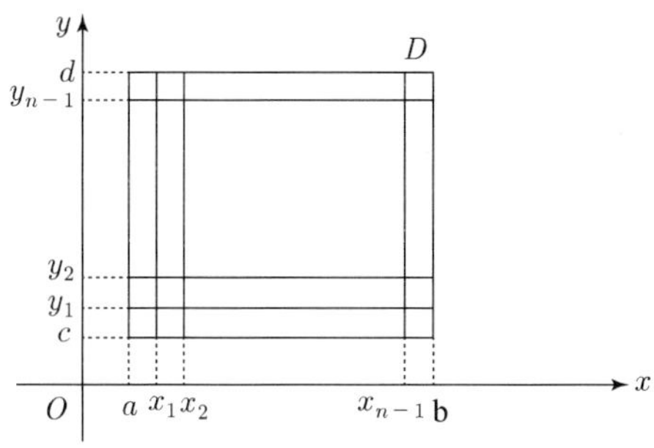

[그림 4.2] D**의 분할**

예제 4.1 영역 $[0, 2] \times [0, 3]$에 대해서 $[0, 2]$를 6등분 하고 $[0, 3]$을 12등분 했을 때 ΔA의 값을 구하라.

풀이 $[0, 2]$를 6등분하면 $\Delta x = \dfrac{1}{3}$이고 $[0, 3]$을 12등분하면 $\Delta y = \dfrac{1}{4}$가 되므로 $\Delta A = \Delta x \times \Delta y = \dfrac{1}{12}$이다. ◆

각각의 $D_{i,\,j}$에서 임의의 점 (x_i^*, y_j^*)를 택하면 $f(x_i^*, y_j^*)\Delta A$는 아래가 변의 길이가 Δx, Δy인 직사각형이고 높이는 $f(x_i^*, y_j^*)$인 직육면체의 부피가 된다. 이때 S의 부피 V는 대략

$$V \approx \sum_{i=1}^{m}\sum_{j=1}^{n} f(x_i^*, y_j^*)\Delta A$$

가 된다. 위 식의 오른쪽에 있는 합을 f의 주어진 분할에 대한 **이중 리만합**(double Riemann sum)이라 한다.

리만합은 함수 f와 함수가 주어진 영역의 분할뿐만 아니라 각 분할에서 임의로 잡은 점에 따라 달라진다.

예제 4.2 함수 $f:[0,\ 2]\times[0,\ 2]\ \rightarrow\ R$가 다음과 같이 주어져 있고

$$z=f(x,\ y)=16-x^2-2y^2$$

D가 $D_{i,\ j}=[i-1,\ i]\times[j-1,\ j]\ (1\le\ i,\ j\le 2)$로 분할된다면 $\Delta A=1$이고 D 위에 있으며 $z=f(x,\ y)$의 그래프의 아래 부분의 부피는 대략

$$\begin{aligned} V &\approx \sum_{i=1}^{2}\sum_{j=1}^{2} f(x_i,\ y_j)\Delta A \\ &= f(1,\ 1)\Delta A + f(1,\ 2)\Delta A + f(2,\ 1)\Delta A + f(2,\ 2)\Delta A \\ &= 13+7+10+4=34 \end{aligned}$$

로 계산될 수 있다.

이때 다음을 각각 계산하라.

(1) $\displaystyle\sum_{i=1}^{2}\sum_{j=1}^{2} f(x_{i-1},\ y_j)\Delta A$　　(2) $\displaystyle\sum_{i=1}^{2}\sum_{j=1}^{2} f(x_i,\ y_{j-1})\Delta A$

(3) $\displaystyle\sum_{i=1}^{2}\sum_{j=1}^{2} f(x_{i-1},\ y_{j-1})\Delta A$

풀이 (1) $\displaystyle\sum_{i=1}^{2}\sum_{j=1}^{2} f(x_{i-1},\ y_j)\Delta A$

$$\begin{aligned} &= f(0,\ 1)\Delta A + f(0,\ 2)\Delta A + f(1,\ 1)\Delta A + f(1,\ 2)\Delta A \\ &= 14+8+13+7=42 \end{aligned}$$

(2) 마찬가지 방법으로 계산하면 $\displaystyle\sum_{i=1}^{2}\sum_{j=1}^{2} f(x_i,\ y_{j-1})\Delta A=49$

(3) 마찬가지 방법으로 계산하면 $\displaystyle\sum_{i=1}^{2}\sum_{j=1}^{2} f(x_{i-1},\ y_{j-1})\Delta A=58$ ◆

예제 4.3 함수 $f:[0,\ 2]\times[0,\ 2]\ \to\ R$가 다음과 같이 주어져 있고

$$z = f(x,\ y) = 16 - x^2 - 2y^2$$

D의 x성분과 y성분을 각각 사 등분한 분할을 $D_{i,\ j}\ (1 \le i,\ j \le 4)$라 하고 다음을 계산하라.

(1) $\displaystyle\sum_{i=1}^{4}\sum_{j=1}^{4} f(x_i,\ y_j)\Delta A$ (2) $\displaystyle\sum_{i=1}^{4}\sum_{j=1}^{4} f(x_{i-1},\ y_{j-1})\Delta A$

풀이 (1) $\displaystyle\sum_{i=1}^{4}\sum_{j=1}^{4} f(x_i,\ y_j)\Delta A$

$$\begin{aligned} &= f\left(\frac{1}{2},\ \frac{1}{2}\right)\Delta A + f\left(1,\ \frac{1}{2}\right)\Delta A + f\left(\frac{3}{2},\ \frac{1}{2}\right)\Delta A + f\left(2,\ \frac{1}{2}\right)\Delta A \\ &\quad + f\left(\frac{1}{2},\ 1\right)\Delta A + f(1,\ 1)\Delta A + f\left(\frac{3}{2},\ 1\right)\Delta A + f(2,\ 1)\Delta A \\ &\quad + f\left(\frac{1}{2},\ \frac{3}{2}\right)\Delta A + f\left(1,\ \frac{3}{2}\right)\Delta A + f\left(\frac{3}{2},\ \frac{3}{2}\right)\Delta A + f\left(2,\ \frac{3}{2}\right)\Delta A \\ &\quad + f\left(\frac{1}{2},\ 2\right)\Delta A + f(1,\ 2)\Delta A + f\left(\frac{3}{2},\ 2\right)\Delta A + f(2,\ 2)\Delta A \\ &= 41.5 \end{aligned}$$

(2) 마찬가지 방법으로

$$\sum_{i=1}^{4}\sum_{j=1}^{4} f(x_{i-1},\ y_{j-1})\Delta A = 49.5$$

◆

위의 결과를 살펴보면 소구간상의 임의의 점을 어떻게 잡느냐에 따라서 리만합의 값이 달라짐을 알 수 있지만 만약 분할을 더 잘게 한다면 임의의 점의 위치에 따른 리만합들의 차이가 더 작아지는 것을 알 수 있다. 따라서 이 분할을 더 잘게 한다면 다음과 같은 식이 성립하는 것을 기대할 수 있다.

$$V = \lim_{m\to\infty}\lim_{n\to\infty}\sum_{i=1}^{m}\sum_{j=1}^{n} f(x_i^*,\ y_j^*)\Delta A$$

직사각형 D상에 주어진 함수 f의 **이중적분**(double integral)이란 만약 다음의 적분이

존재하면 그 적분으로 정의한다.

$$\iint_D f(x, y)dA = \lim_{m, n \to \infty} \sum_{i=1}^{m} \sum_{j=1}^{n} f(x_i^*, y_j^*)\Delta A$$

만약 위의 적분 값이 존재하면 f를 **적분가능한 함수**라 한다. 적분가능한 함수와 그 성질 및 적분불가능한 함수에 대한 내용은 고급 미적분학에서 더 많이 다룰 것이고 여기서는 생략하겠다.

지금까지의 결과를 요약하여 말하면 다음과 같다.

정의 4.1 이중적분

만약 $f(x, y) \geq 0$이고 그 정의역이 직사각형 D일 때 D 위와 곡면 $z = f(x, y)$의 아랫부분으로 이루어진 입체의 부피는 다음과 같다.

$$V = \iint_D f(x, y)dA = \lim_{m, n \to \infty} \sum_{i=1}^{m} \sum_{j=1}^{n} f(x_i^*, y_j^*)\Delta A$$

이중적분은 일변수 함수의 정적분에서 성립하는 것과 마찬가지로 다음과 같은 성질을 가지고 있다. 만약 $f(x, y)$의 값이 음이 된다면 이 경우 입체의 부피는 $-\iint_D f(x, y)dA$로 계산된다. 만약 $f(x, y)$의 값 중 일부분은 음이고 일부분이 양이 되는 경우는 $f(x, y)$의 최솟값을 m이라 하면 $g(x, y) = f(x, y) - m \geq 0$이므로

$$\iint_D g(x, y)dA = \iint_D f(x, y)dA - \iint_D m dA$$

이 성립하므로 $\iint_D f(x, y)dA$의 값은 구할 수 있지만 f의 그래프와 $z = 0$가 만드는 입체의 부피를 구하는 것은 그 f가 양 또는 음이 되는 영역의 모양에 따라서 어려운 계산을 할 수도 있다.

정리 4.1

f와 g가 직사각형 D에서 정의되어 있고 c가 임의의 실수일 때 다음이 성립한다.

(1) $\iint_D (f(x, y)+g(x, y))dA = \iint_D f(x, y)dA + \iint_D g(x, y)dA$

(2) $\iint_D cf(x, y)dA = c\iint_D f(x, y)dA$

(3) 만약 $f(x, y) \geq g(x, y)$이면, $\iint_D f(x, y) \geq \iint_D g(x, y)dA$

일변수 함수의 정적분을 구할 때와 마찬가지로 이변수 함수의 이중적분을 정의를 통해서 바로 구하는 일은 매우 어렵다. 일변수 함수의 경우 다음과 같은 미적분학의 기본법칙에 의해서 정적분 값을 계산하였다. 즉, 폐구간 $[a, b]$에서 정의된 일변수 함수 f의 부정적분이 F일 때 $\int_a^b f = F(b) - F(a)$이 성립한다. 이와 같은 방법으로 매우 쉽게 일변수 함수 f의 정적분을 구할 수 있었다. 직사각형 D에서 정의된 이변수 함수의 이중적분도 **반복적분**(iterated integral)을 이용하여 쉽게 구할 수 있다.

즉, 고정된 x값에 대해서 $A(x) = \int_c^d f(x, y)dy$는 D 위와 곡면 $z = f(x, y)$의 아랫부분으로 이루어진 입체를 y축에 평행하게 자른 단면의 넓이이고 이 단면을 모든 x에 대해서 모아놓은 도형의 부피는 $\int_a^b A(x)dx$로 계산할 수 있다. 이 결과를 반복적분이라 한다. 대부분의 함수들에 대해서 고정된 y값에 대해서 $B(y) = \int_a^b f(x, y)dx$는 D 위와 곡면 $z = f(x, y)$의 아랫부분으로 이루어진 입체를 x축에 평행하게 자른 단면의 넓이이고 이 단면을 모든 y에 대해서 모아놓은 도형의 부피는 $\int_c^d B(y)dy$로 계산할 수 있다. 이와 같은 이유로 다음을 증명 없이 언급한다.

정리 4.2 **직사각형 영역에서 푸비니의 정리(Fubini's theorem for rectangle)**

f가 직사각형 $D = [a, b] \times [c, d]$에서 연속함수로 정의되어 있을 때 다음이 성립한다.

$$\iint_D f(x, y)dA = \int_a^b \int_c^d f(x, y)dydx = \int_c^d \int_a^b f(x, y)dxdy$$

위의 식은 유계함수, 또는 불연속점이 유한개인 함수에 대해서도 성립한다.

예제 4.4 함수 $f:[0,\ 2]\times[1,\ 2]\rightarrow R$가 $f(x,\ y)=x-3y^2$일 때 $\iint_D f(x,\ y)dA$를 구하라.

풀이 푸비니의 정리에 의해서

$$\iint_D f(x,\ y)dA=\int_0^2\int_1^2(x-3y^2)dydx$$

$$=\int_0^2[xy-y^3]_{y=1}^{y=2}dx$$

$$=\int_0^2[(2x-2^3)-(x-1^3)]dx$$

$$=\int_0^2(x-7)dx=\frac{1}{2}2^2-14=-12$$ ◆

예제 4.5 함수 $f:[1,\ 2]\times[0,\ \pi]\rightarrow R$가 $f(x,\ y)=y\sin(xy)$일 때 $\iint_D f(x,\ y)dA$를 구하라.

풀이 푸비니의 정리에 의해서

$$\iint_D f(x,\ y)dA=\int_0^\pi\int_1^2 y\sin(xy)dxdy$$

$$=\int_0^\pi[-\cos(xy)]_{x=1}^{x=2}dy$$

$$=\int_0^\pi[-\cos(2y)-(-\cos(y))]dy$$

$$=-\frac{1}{2}[\sin 2y-2\sin y]_0^\pi=0$$ ◆

예제 4.5에서 $\iint_D f(x,\ y)dA$를 계산하는 과정에서 $\int_1^2\int_0^\pi y\sin(xy)dydx$와 같이 y의 적분을 먼저 하게 되면 계산이 어려워진다.

연습문제 4.1

01. 만약 $D=[-1, 3]\times[0, 2]$이고 $m=4$, $n=2$인 D의 분할의 각 작은 정사각형 위의 왼쪽 꼭짓점을 구하라.

02. 위에서 구한 꼭짓점을 택하여 $\iint_D (y^2-2x^2)dA$의 값의 근삿값을 구하라.

03. 위의 문제에서 아래 오른쪽 꼭짓점을 택하여 같은 이중적분의 근삿값을 구하라.

04. 예제 4.3에서 다음을 각각 구하라.

(1) $\sum_{i=1}^{4}\sum_{j=1}^{4} f(x_{i-1}, y_j)\Delta A$　　(2) $\sum_{i=1}^{4}\sum_{j=1}^{4} f(x_i, y_{j-1})\Delta A$

05. 함수 $f(x, y)$와 그 정의역 D가 다음과 같을 때 이중적분 $\iint_D f(x, y)dA$을 구하라.

(1) $f(x, y)=\sqrt{4-x^2-y^2}$, $D=\{(x, y)|\, x^2+y^2\le 4\}$

(2) $f(x, y)=\dfrac{x-y}{(x+y)^3}$, $D=[0, 1]\times[0, 1]$

(3) $f(x, y)=\dfrac{y-x}{(x+y)^3}$, $D=[0, 1]\times[0, 1]$

(4) $f(x, y)=2x+6x^2y$, $D=\{(x, y)|\, 1\le x\le 4, -1\le y\le 2\}$

06. 다음의 반복적분의 값을 구하라.

(1) $\int_1^3\int_0^1 (2+3xy)dxdy$　　(2) $\int_1^3\int_0^1 (2+3xy)dydx$

(3) $\int_0^{\frac{\pi}{2}}\int_0^{\frac{\pi}{2}} \sin x\cos y\, dydx$　　(4) $\int_1^4\int_1^2 (\frac{y}{x}+\frac{x}{y})dydx$

(5) $\int_0^2 \int_0^\pi r\sin^2\theta \, d\theta dr$

(6) $\int_0^1 \int_0^1 xy\sqrt{x^2+y^2} \, dydx$

(7) $\int_0^1 \int_0^2 (t+x)\, dsdt$

(8) $\int_{\frac{\pi}{6}}^{\frac{\pi}{2}} \int_{-1}^5 \cos y \, dxdy$

07. 타원 포물면 $2x^2+y+z^2=16$과 평면들 $x=0$, $x=2$, $y=0$, $z=0$과 $z=2$에 의해서 유계된 도형을 그리고 그 도형의 체적을 구하라.

08. 부피가 다음의 반복적분으로 주어진 입체의 모양을 그려라.

$$\int_0^1 \int_0^1 (2-x^2-y^2)\, dxdy$$

4.2 일반적인 영역에서의 이중적분

CALCULUS

일변수 함수의 정적분에서는 적분은 항상 구간에서만 행하였지만 이중적분은 직사각형 모양의 영역에서뿐만 아니라 좀 더 일반적인 모양의 영역에서도 할 수 있어야 한다. 여기서 우리는 영역 D가 유계라 가정한다. 유계가 아닌 영역에서 적분은 여기서 다루지 않는다. 이 절에서 영역 D의 모양은 다음의 두 가지 형태에 대해서만 다룬다.

(1) 형태 I: 영역이 변수 x에 관한 두 연속함수 $g_1(x)$, $g_2(x)$ 사이에 있고 두 함수는 구간 $[a, b]$에서 정의되어 있을 때, 즉

$$D = \{(x,\ y) | a \le x \le b,\ g_1(x) \le y \le g_2(x)\}$$

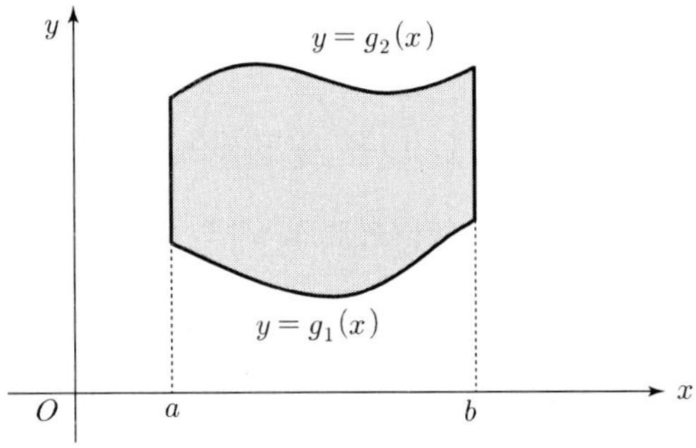

[그림 4.3] 영역(형태 I)

이 경우 이중적분은 함수 $f(x, y)$에서 x변수를 고정시키고 y에 관한 정적분을 $g_1(x)$에서 $g_2(x)$까지 구한 뒤, 그 결과를 x에 대한 정적분을 a에서 b까지 행한다. 즉,

$$\iint_D f(x,\ y)dA = \int_a^b \int_{g_1(x)}^{g_2(x)} f(x,\ y)dydx$$

(2) 형태 II: 영역이 변수 y에 관한 두 연속함수 $h_1(y)$, $h_2(y)$ 사이에 있고 두 함수는 구간 $[c, d]$에서 정의되어 있을 때, 즉

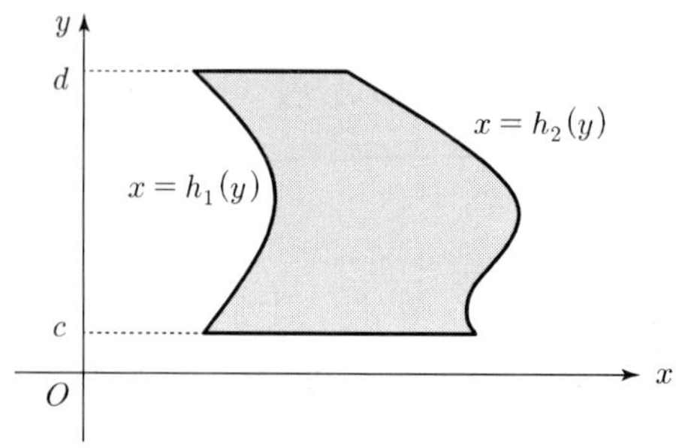

[그림 4.4] 영역(형태 II)

$$D = \{(x,\ y) | c \le y \le d,\ h_1(y) \le x \le h_2(y)\}$$

이 경우 이중적분은 함수 $f(x,\ y)$에서 y변수를 고정시키고 x에 관한 정적분을 $h_1(y)$에서 $h_2(y)$까지 구한 뒤, 그 결과를 y에 대한 정적분을 c에서 d까지 행한다. 즉,

$$\iint_D f(x,\ y)dA = \int_c^d \int_{h_1(y)}^{h_2(y)} f(x,\ y)dxdy$$

예제 4.6 세 점 (0, 0), (1, 0), (1, 1)을 꼭짓점으로 하는 삼각형 영역 T에 대하여 $\iint_D f(x,\ y)dA$를 반복적분으로 나타낼 때

(1) 먼저 x를 고정시키고 반복적분의 형태로 나타내어라.

(2) 먼저 y를 고정시키고 반복적분의 형태로 나타내어라.

풀이 (1) x를 고정시키면 영역 T에서 점은 $(x,\ 0)$에서부터 $(x,\ x)$까지 움직이므로 y의 값은 0부터 x까지 움직인다. 단면적 $A(x) = \int_0^x f(x,\ y)dy$는 x의 함수이므로

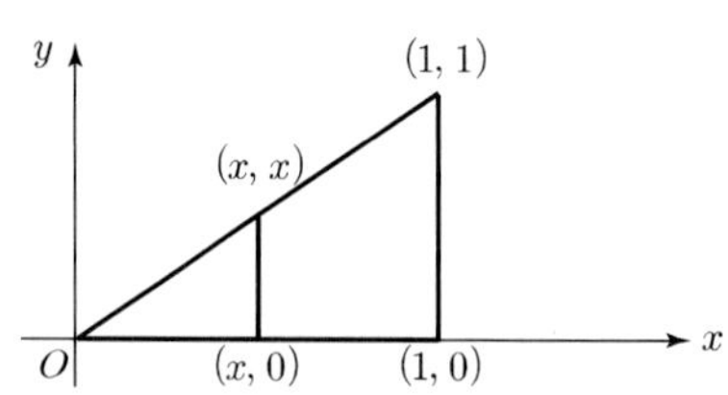

[그림 4.5] x를 고정한 영역 T

$$\int_0^1 A(x)dx = \int_0^1 \left[\int_0^x f(x,\ y)dy\right]dx$$

(2) y를 고정시키면 영역 A는 $(y,\ y)$에서부터 $(1,\ y)$까지 움직이므로 y의 값은 0부터 x까지 움직인다. 따라서 단면적 $B(y) = \int_y^1 f(x,\ y)dx$는 y의 함수이므로

$$\int_0^1 B(y)dy = \int_0^1 \left[\int_y^1 f(x,\ y)dx\right]dy$$ ◆

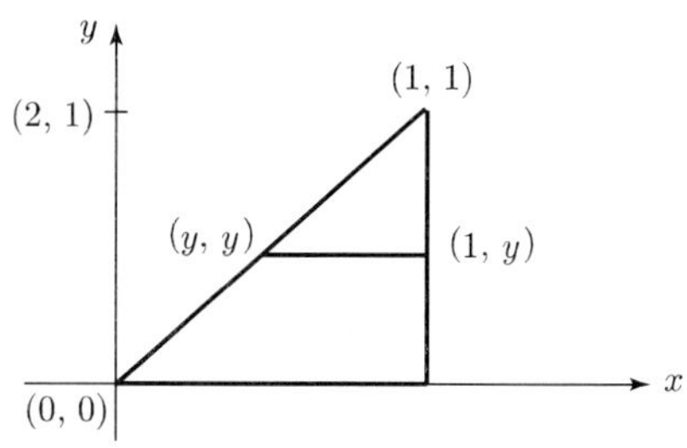

[그림 4.6] y를 고정한 영역 T

예제 4.7 영역 D가 다음과 같을 때 이중적분 $\iint_D (x+y)dA$를 구하라.

$$D = \{(x,\ y) | -1 \le x \le 1,\ 2x^2 \le y \le 1 + x^2\}$$

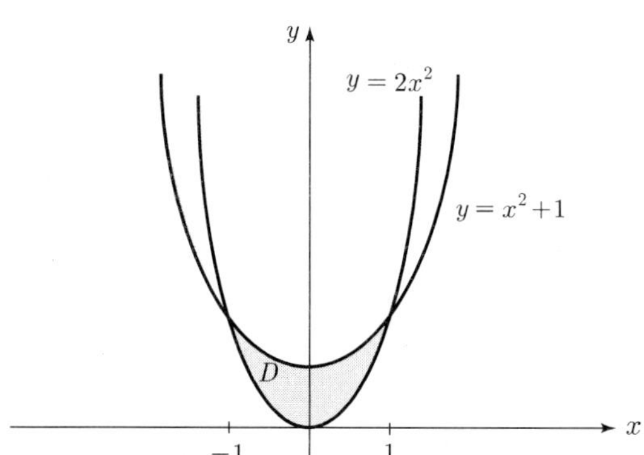

[그림 4.7] 영역 D

풀이 영역 D가 형태 I의 모양이므로(그림 4.7 참조) 푸비니의 정리에 의해서

$$\begin{aligned}\iint_D (x+y)dA &= \int_{-1}^{1}\int_{2x^2}^{1+x^2}(x+y)dydx \\ &= \int_{-1}^{1}\left[xy+\frac{1}{2}y^2\right]_{y=2x^2}^{y=1+x^2}dx \\ &= \int_{-1}^{1}\left[x(1+x^2)+\frac{1}{2}(1+x^2)^2-x(2x^2)-\frac{1}{2}(2x^2)^2\right]dx \\ &= \int_{-1}^{1}\left(-\frac{3}{2}x^4-x^3+x^2+x+1\right)dx \\ &= \frac{31}{15}\end{aligned}$$

◆

예제 4.8 네 평면 $x=0,\ y=0,\ z=0,\ 2x+y+z=4$로 둘러싸인 사면체의 체적을 구하라.

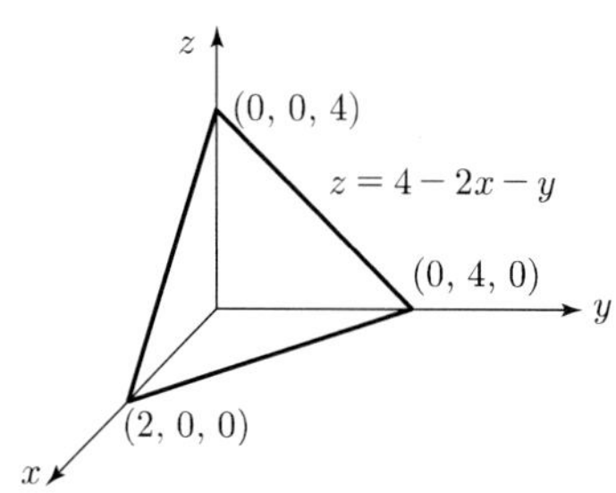

[그림 4.8] 사면체

풀이 xy평면상의 영역 D는 $D=\{(x,\ y)|\,x\geq 0,\ y\geq 0,\ 2x+y\leq 4\}$로 나타낼 수 있다. 여기서 함수 $f(x,\ y)=4-2x-y$에 대해서 생각하면 체적은

$$\begin{aligned}V &= \int_0^2\int_0^{4-2x}(4-2x-y)dydx \\ &= \int_0^2\left[(4-2x)y-\frac{1}{2}y^2\right]_0^{4-2x}dx \\ &= \int_0^2\frac{1}{2}(4-2x)^2dx=\frac{16}{3}\end{aligned}$$

◆

예제 4.9 포물면 $z=4-x^2-y^2$과 xy평면의 윗부분으로 둘러싸인 반구의 체적을 구하라.

풀이 [그림 4.9]와 같이 xy평면상의 정사영은 다음과 같다.

$$R=\{(x,\ y)|x^2+y^2\le 4\}$$

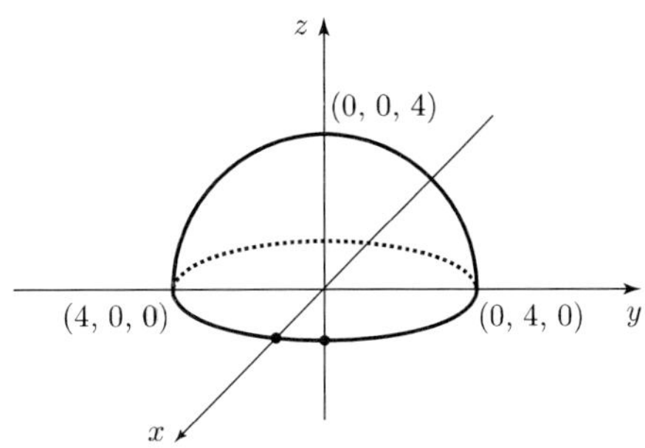

[그림 4.9] 반구

또한 xy평면상에 정사영이 되는 원 $x^2+y^2=4$에서 x를 고정시키면 y의 값은 $-\sqrt{4-x^2}$에서부터 $\sqrt{4-x^2}$까지 움직인다. 따라서

$$\begin{aligned}V&=\iint_R(4-x^2-y^2)dA\\&=\int_{-2}^{2}\int_{-\sqrt{4-x^2}}^{\sqrt{4-x^2}}(4-x^2-y^2)dydx\\&=\int_{-2}^{2}\left[4y-x^2y-\frac{1}{3}y^3\right]_{y=-\sqrt{4-x^2}}^{y=\sqrt{4-x^2}}\\&=8\pi\end{aligned}$$

◆

예제 4.10 포물면 $z=x^2+y^2$아래에 놓여있으며 xy평면상의 직선 $y=2x$와 포물선 $y=x^2$로 둘러싸인 영역의 윗부분에 있는 입체의 부피를 구하라.

풀이 [그림 4.10]에 의하면 영역 D는 형태 I에 해당하므로

$$D=\{(x,\ y)|0\le x\le 2,\ x^2\le y\le 2x\}$$

이고

$$V = \iint_D (x^2+y^2)dA = \int_0^2 \int_{x^2}^{2x} (x^2+y^2)dydx$$

$$= \int_0^2 \left[x^2 y + \frac{y^3}{3} \right]_{y=x^2}^{y=2x} dx$$

$$= \int_0^2 \left[x^2(2x) + \frac{(2x)^3}{3} - x^2(x^2) - \frac{(x^2)^3}{3} \right] dx$$

$$= \int_{-1}^1 \left(-\frac{x^6}{3} - x^4 + \frac{14x^3}{3} \right) dx$$

$$= \left[-\frac{x^7}{21} - \frac{x^5}{5} + \frac{7x^4}{6} \right]_0^2 = \frac{216}{35}$$ ◆

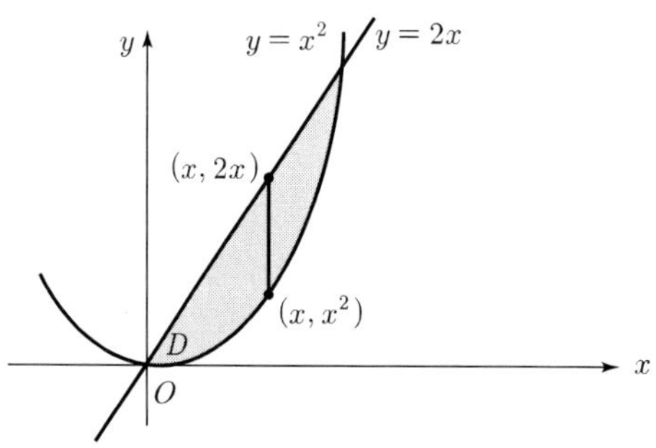

[그림 4.10] 형태 I 영역

별해: 이 문제를 형태 II의 영역으로 간주하고 풀면

$$D = \left\{ (x,\ y) \mid 0 \le y \le 4,\ \frac{y}{2} \le x \le \sqrt{y} \right\}$$

가 되어서 다음과 같이 계산할 수도 있다.

$$V = \iint_D (x^2+y^2)dA = \int_0^4 \int_{\frac{y}{2}}^{\sqrt{y}} (x^2+y^2)dxdy$$

$$= \int_0^2 \left[\frac{x^3}{3} + y^2 x \right]_{x=\frac{y}{2}}^{x=\sqrt{y}} dy$$

$$= \int_0^4 \left[\frac{y^{\frac{3}{2}}}{3} + y^{\frac{5}{2}} - \frac{y^3}{24} - \frac{y^3}{2} \right] dy$$

$$= \left[-\frac{2}{15} y^{\frac{3}{2}} + \frac{2}{7} y^{\frac{7}{2}} - \frac{13}{96} y^4 \right]_0^4 = \frac{216}{35}$$

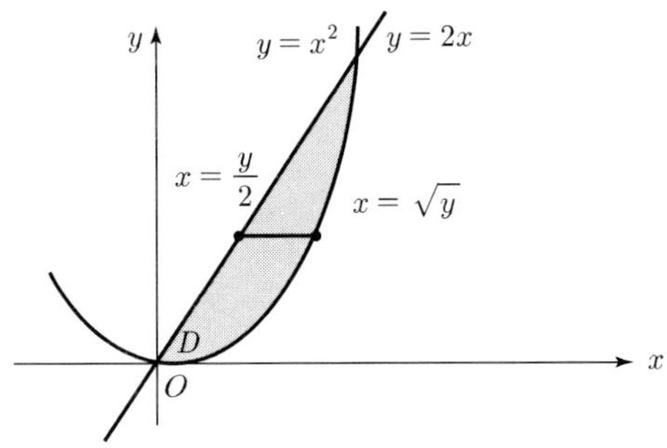

[그림 4.11] 형태 II 영역

예제 4.11 평면 $x + 2y + z = 2$, $x = 2y$, $x = 0$, $z = 0$에 의해 유계된 사면체의 부피를 구하라.

풀이 이와 같은 질문은 두 개의 그림을 그리는 것이 좋다. 하나는 삼차원 입체이고 또 다른 하나는 이 입체가 놓이는 평면의 영역 D이다. [그림 4.12 (a)]는 좌표평면 $x = 0$, $z = 0$, 수직평면 $x = 2y$, 평면 $x + 2y + z = 2$에 의해 유계된 사면체 T를 보여준다. 평면 $x + 2y + z = 2$는 직선 $x + 2y = 2$에서 xy 평면(방정식은 $z = 0$)과 교차하므로 T는 직선 $x = 2y$, $x + 2y = 2$, $x = 0$에

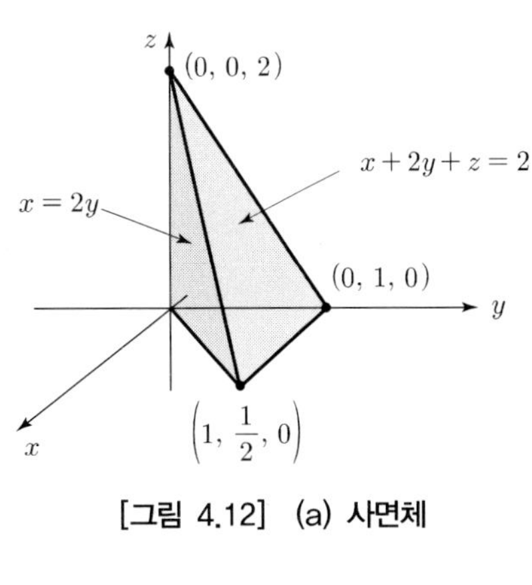

[그림 4.12] (a) 사면체

의해 유계된 xy 평면에서의 삼각형 영역 D 위에 놓여 있음을 알 수 있다. 평면 $x+2y+z=2$를 $z=2-x-2y$로 쓸 수 있으므로 부피는 함수 $z=2-x-2y$의 그래프 아래 부분과 영역(그림 4.12 (b))

$$D=\left\{(x,\ y)\ 0\le x\le 1,\ \frac{x}{2}\le y\le 1-\frac{x}{2}\right\}$$

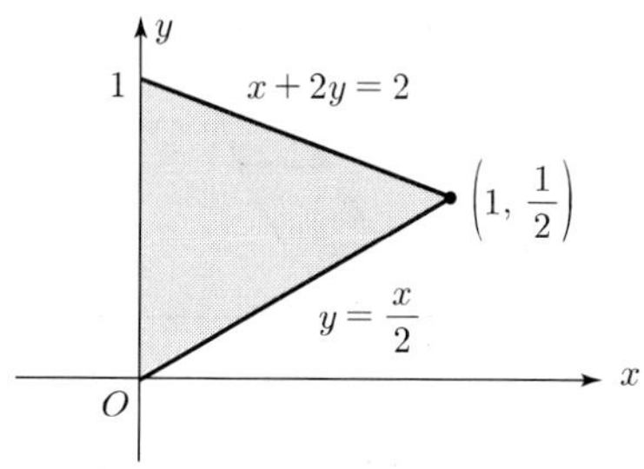

[그림 4.12] (b) 영역 D

위에 놓여 있는 것이다. 그러므로 다음과 같은 계산을 할 수 있다.

$$V=\iint_D (2-x-2y)\,dA=\int_0^1\int_{\frac{x}{2}}^{1-\frac{x}{2}}(2-x-2y)\,dy\,dx$$

$$=\int_0^1\left[2y-xy-y^2\right]_{y=\frac{x}{2}}^{y=1-\frac{x}{2}}dx$$

$$=\int_0^1\left[2-x-x\left(1-\frac{x}{2}\right)-\left(1-\frac{x}{2}\right)^2-x+\frac{x^2}{2}+\frac{x^4}{4}\right]dx$$

$$=\int_0^1(x^2-2x+1)\,dx=\left[\frac{x^3}{3}-x^2+x\right]_0^1=\frac{1}{3}$$ ◆

연습문제 4.2

01. 다음 적분의 순서를 변경하라.

(1) $\int_0^2 \int_{\frac{x^2}{4}}^{3-x} f(x,\ y)dydx$

(2) $\int_0^a \int_0^{\sqrt{ay}} f(x,\ y)dxdy + \int_0^{2a} \int_0^{2a-y} f(x,\ y)dxdy$

(3) $\int_0^{\frac{\pi}{2}} \int_0^{2\cos\theta} f(r,\ \theta)rdr\,d\theta$

02. 다음의 적분영역을 그리고 적분값을 구하라.

(1) $\int_0^{\pi} \int_0^{x} x\sin y\,dydx$

(2) $\int_1^2 \int_y^{y^2} x\,dxdy$

(3) $\int_0^{\pi} \int_0^{\sin x} y\,dydx$

(4) $\int_0^1 \int_y^{\sqrt{y}} x\,dxdy$

03. $f(x,\ y)$와 그 정의역 D가 다음과 같을 때 이중적분 $\iint_D f(x,\ y)dA$을 구하라.

(1) $f(x,\ y) = \sqrt{4-x^2-y^2}$, $D = \{(x,\ y)\,|\,x^2+y^2 \le 4\}$

(2) $f(x,\ y) = 1$, D는 $y=2x$, $x=2y$, $x+y=3$으로 만들어지는 삼각형

(3) $f(x,\ y) = xy$, $D = \{(x,\ y)|\,x^2+y^2 \le 3\}$

(4) $f(x,\ y) = x^2-3xy$, $D = \left\{(x,\ y)\,|\,1 \le x \le 2,\ \frac{1}{x} \le y \le 2\right\}$

04. 부피가 다음의 반복적분으로 주어진 입체의 모양을 그려라.

$$\int_0^1 \int_0^1 (2-x^2-y^2)dxdy$$

05. 다음 두 개의 식 $z = 4 - x^2 - \frac{1}{4}y^2$와 $z = 0$에 의해서 유계가 되는 도형의 체적을 구하라.

06. 다음의 두 실린더들의 공통부분에 해당하는 입체의 체적을 구하라.

$$x^2 + y^2 = 4,\ x^2 + z^2 = 4$$

07. 두 개의 원기둥 $x^2 + y^2 = 1,\ x^2 + z^2 = 1$의 공통부분으로 다음 영역

$$\{(x,\ y,\ z)\,|\,x \geq 0,\ y \geq 0,\ z \geq 0\}$$

안에 있는 입체의 체적을 구하라.

08. 위로는 곡면 $z = xy$, 아래로는 xy평면, 옆으로는 평면 $y = x$와 곡면 $y = x^3$으로 둘러싸인 입체의 체적을 구하라.

4.3 극좌표상의 이중적분

CALCULUS

평면상의 점은 직교좌표에 의해 표현하는 것이 일반적이지만 때로는 극좌표를 이용해서 나타낼 수도 있다. 직교좌표로 $(x,\ y)$로 표현된 점 A를 **극좌표**(polar coordinate)로 나타내면 $(r,\ \theta)$로 나타낼 수 있는데 여기서 r은 원점에서 점 A까지의 길이를 의미하고 θ는 기준선에서 떨어진 각을 의미한다. 물론 $r \geq 0$이어야 하고 θ는 임의의 실수값을 가질 수 있다.

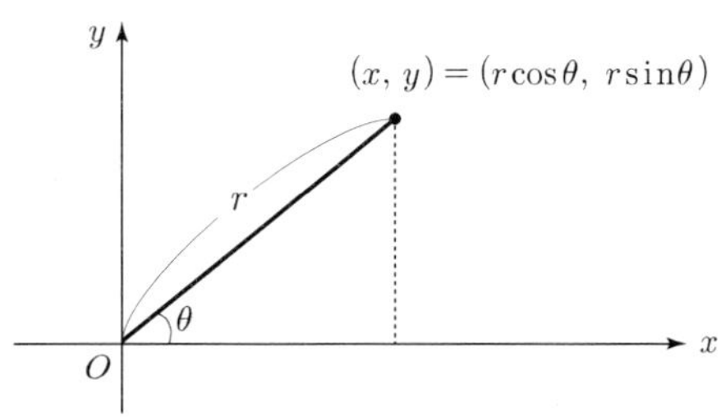

[그림 4.13] 극좌표와 직교좌표

이때 직교좌표와 극좌표의 관계는

$$\begin{cases} x = r\cos\theta \\ y = r\sin\theta \end{cases}$$

로 나타낼 수 있다. 반대로 직교좌표를 극좌표로 표현하면

$$\begin{cases} r = \sqrt{x^2 + y^2} \\ \theta = \arctan\dfrac{y}{x} \end{cases}$$

로 나타낼 수 있는데 여기서 $\theta = \arctan\dfrac{y}{x}$의 값은 한 개가 아니라 여러 값을 갖게 되므로 극좌표로 한 점을 나타내는 방법은 여러 가지가 있을 수 있다. 그러나 일반적으로는 그 중 $0 \leq \theta < 2\pi$의 값만 택한다.

예제 4.12 직교좌표상의 한 점 $(1,\ 1)$을 극좌표로 나타내어라.

풀이 $r = \sqrt{x^2+y^2} = \sqrt{2}$ 이고 $\theta = \arctan \frac{1}{1} = \frac{\pi}{4} + 2n\pi$ (n은 정수)이므로 $(r,\ \theta) = \left(\sqrt{2},\ \frac{\pi}{4}\right)$로 나타낼 수 있다. ◆

예제 4.13 직교좌표로 표현된 다음의 영역 $R = \{(x,\ y) | 1 \le x^2+y^2 \le 4,\ y \ge 0\}$을 극좌표로 나타내어라.

풀이 영역은 [그림 4.14]와 같게 되고

$1 \le r = \sqrt{x^2+y^2} \le 2$이고 $y = r\sin\theta \ge 0$이므로 $0 \le \theta \le \pi$이다. 따라서

$$R = \{(r,\ \theta) | 1 \le r \le 2,\ 0 \le \theta \le \pi\}$$ ◆

일반적으로 예제 4.13에서와 같이 극좌표로 나타내었을 때 다음

$$R = \{(r,\ \theta) | a \le r \le b,\ \alpha \le \theta \le \beta\}$$

과 같이 표현할 수 있는 도형을 **극장방형**(Polar rectangle)이라 한다. (그림 4.15)

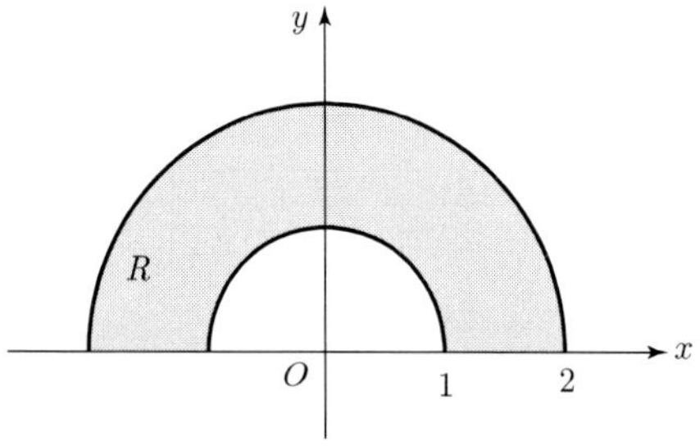

[그림 4.14] 영역 R

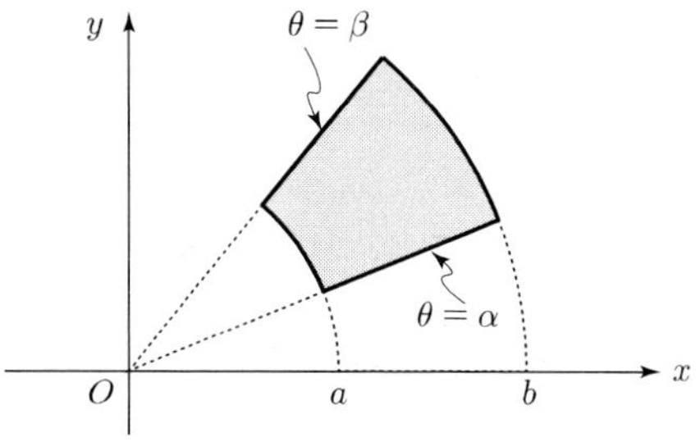

[그림 4.15] 극장방형

이와 같은 모양의 영역에 정의된 함수의 적분은 직교좌표를 이용하는 것보다는 극좌표를 이용하여 적분하는 것이 더 쉬운 경우가 많다.

구간 $[a,\ b]$와 구간 $[\alpha,\ \beta]$를 다음과 같이 분할하자.

$$a = r_0 < r_1 < \cdots < r_n = b,\ \alpha = \theta_0 < \theta_1 < \cdots < \theta_m = \beta$$

이러한 분할에 의해 생성되는 소영역 $R_{i,\ j} = \{(r,\ \theta) | r_{i-1} \le r \le r_i,\ \theta_{j-1} \le \theta \le \theta_j\}$

상에 한 점 (r_i^*, θ_j^*)를 택한다. 만약 $r_i^* = \dfrac{r_{i-1}+r_i}{2}$, $\theta_i^* = \dfrac{\theta_{i-1}+\theta_i}{2}$라 놓고 $R_{i, j}$의 면적을 $\Delta A_{i, j}$라 하면

$$\begin{aligned}\Delta A_{i, j} &= \frac{1}{2}r_i^2\Delta\theta_j - \frac{1}{2}r_{i-1}^2\Delta\theta_j \\ &= \frac{1}{2}(r_i^2 - r_{i-1}^2)\Delta\theta_j \\ &= \frac{1}{2}(r_i - r_{i-1})(r_i + r_{i-1})\Delta\theta_j \\ &= r_i^*\Delta r_i\Delta\theta_j\end{aligned}$$

이 성립한다. 직교 좌표상에서의 적분 $\iint_R f(x, y)dA$는 직사각형의 분할에 의해 정의하였지만 위와 같은 방법으로 분할하여도 같은 결과를 기대할 수 있다. 따라서 리만 합의 계산은

$$\begin{aligned}&\sum_{i=1}^{n}\sum_{j=1}^{m} f(r_i^*\cos\theta_j^*, r_i^*\sin\theta_j^*)\Delta A_{i, j} \\ &= \sum_{i=1}^{n}\sum_{j=1}^{m} f(r_i^*\cos\theta_j^*, r_i^*\sin\theta_j^*)r_i^*\Delta r_i\Delta\theta_j\end{aligned}$$

이고 만약 $g(r, \theta) = rf(r\cos\theta, r\sin\theta)$라 하면, 위 식은 $\sum_{i=1}^{n}\sum_{j=1}^{m} g(r_i^*, \theta_j^*)\Delta r_i\Delta\theta_j$가 되고 이 식에 $\lim_{n\to\infty}$와 $\lim_{m\to\infty}$을 택하면 $\int_\alpha^\beta\int_a^b g(r, \theta)drd\theta$가 된다. 즉

$$\begin{aligned}\iint_R f(x, y)dA &= \lim_{n, m\to\infty}\sum_{i=1}^{n}\sum_{j=1}^{m} f(r_i^*\cos\theta_j^*, r_i^*\sin\theta_j^*)\Delta A_{i, j} \\ &= \lim_{n, m\to\infty}\sum_{i=1}^{n}\sum_{j=1}^{m} g(r_i^*, \theta_j^*)\Delta r_i\Delta\theta_j \\ &= \int_\alpha^\beta\int_a^b g(r, \theta)drd\theta \\ &= \int_\alpha^\beta\int_a^b f(r\cos\theta, r\sin\theta)r\, drd\theta\end{aligned}$$

이 성립한다. 지금까지의 내용을 요약하면 다음과 같다.

정리 4.3 극좌표변환 공식

f가 $R=\{(r, \theta)|a \le r \le b, \alpha \le \theta \le \beta \le 2\pi\}$상에서 연속이면

$$\iint_R f(x, y)dA=\int_\alpha^\beta\int_a^b f(r\cos\theta, r\sin\theta)r\,drd\theta$$

가 성립한다.

예제 4.14 영역 $R=\{(x, y)|1 \le x^2+y^2 \le 4, y \ge 0\}$에 대하여 $\iint_R (x+4y^2)dA$의 값을 구하라.

풀이 $x=r\cos\theta$, $y=r\sin\theta$라 하면 $1 \le r \le 2$이고 $0 \le \theta \le \pi$이다. 따라서

$$\begin{aligned}\iint_R (x+4y^2)dA &= \int_0^\pi\int_1^2 (r\cos\theta+4r^2\sin^2\theta)r\,drd\theta \\ &= \int_0^\pi\int_1^2 (r^2\cos\theta+4r^3\sin^2\theta)r\,drd\theta \\ &= \int_0^\pi \frac{1}{3}r^3\cos\theta+r^4\sin^2\theta\Big|_{r=1}^{r=2}d\theta \\ &= \frac{15}{2}\pi\end{aligned}$$

◆

예제 4.15 평면 $z=0$과 포물면 $z=1-x^2-y^2$로 둘러싸인 입체(반구)의 부피를 구하라.

풀이 $z=f(x, y)=1-x^2-y^2$라 놓고 $R=\{(x, y)|x^2+y^2<1\}$이라 하자. 만약 $x=r\cos\theta$, $y=r\sin\theta$라 하면 $0 \le r \le 1$이고 $0 \le \theta \le 2\pi$이다. 따라서

$$\begin{aligned}\iint_R f(x, y)dA &= \int_0^{2\pi}\int_0^1 (1-r^2)r\,drd\theta \\ &= \int_0^{2\pi}\int_0^1 (r^2-r^3)drd\theta\end{aligned}$$

$$= \int_0^{2\pi} \left(\frac{1}{2} - \frac{1}{4}\right) d\theta$$

$$= \frac{\pi}{2}. \qquad \blacklozenge$$

다음 [그림 4.16]에서와 같이 좀 더 일반화된 영역에서 주어진 함수의 적분에 대해서도 적분을 행할 수 있다. 앞 절에서 형태 II 영역에서 행한 적분과 비슷한 방법을 이용한다.

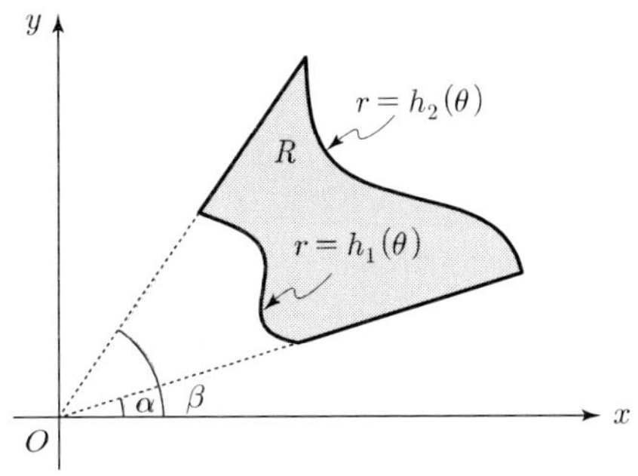

[그림 4.16] 일반화된 극좌표 영역

이 경우 영역은

$$R = \{(r,\ \theta) | \alpha \le \theta \le \beta,\ h_1(\theta) \le r \le h_2(\theta)\}$$

이다. R상에 정의된 연속함수 f의 적분은 다음과 같이 정리할 수 있다.

정리 4.4 극좌표로 변환된 일반화된 영역에서의 적분 I

f가 $R = \{(r,\ \theta) | \alpha \le \theta \le \beta,\ h_1(\theta) \le r \le h_2(\theta)\}$상에서 연속이면

$$\iint_R f(x,\ y) dA = \int_\alpha^\beta \int_{h_1(\theta)}^{h_2(\theta)} f(r\cos\theta,\ r\sin\theta) r\, dr d\theta$$

가 성립한다.

많지는 않지만 형태 I과 유사한 경우의 적분도 생각할 수 있다.이 경우 영역은 다음과 같다.

$$R = \{(r,\ \theta) | a \le r \le b,\ g_1(r) \le \theta \le g_2(r)\}$$

또한 이러한 영역에서 적분도 다음과 같이 나타낼 수 있다.

정리 4.5 **극좌표로 변환된 일반화된 영역에서의 적분 II**

> f가 $R = \{(r,\ \theta) | a \le r \le b,\ g_1(r) \le \theta \le g_2(r)\}$상에서 연속이면
>
> $$\iint_R f(x,\ y)dA = \int_a^b \int_{g_1(r)}^{g_2(r)} f(r\cos\theta,\ r\sin\theta) r\, d\theta dr$$
>
> 가 성립한다.

예제 4.16 4겹 장미 $r = \cos 2\theta$의 한 잎사귀의 면적을 구하라.

풀이 [그림 4.17]처럼 한 잎사귀가 나타내는 모양을 나타내는 영역은

$$R = \left\{(r,\ \theta) | -\frac{\pi}{4} \le \theta \le \frac{\pi}{4},\ 0 \le r \le \cos 2\theta\right\}$$

로 나타낼 수 있다. 따라서 면적은 이 영역위에서 함수 $f(r,\ \theta) = 1$를 적분하면 얻을 수 있으므로

$$A = \iint_R f(r,\ \theta)dA = \int_{-\frac{\pi}{4}}^{\frac{\pi}{4}} \int_0^{\cos 2\theta} r\, dr d\theta$$

$$= \int_{-\frac{\pi}{4}}^{\frac{\pi}{4}} \left[\frac{1}{2}r^2\right]_0^{\cos 2\theta} d\theta = \frac{1}{2}\int_{-\frac{\pi}{4}}^{\frac{\pi}{4}} [\cos^2 2\theta] d\theta$$

$$= \frac{1}{4}\int_{-\frac{\pi}{4}}^{\frac{\pi}{4}} (1 + \cos 4\theta) d\theta$$

$$= \frac{1}{4}\left[\theta + \frac{1}{4}\sin 4\theta\right]_{-\frac{\pi}{4}}^{\frac{\pi}{4}} = \frac{\pi}{8}$$ ◆

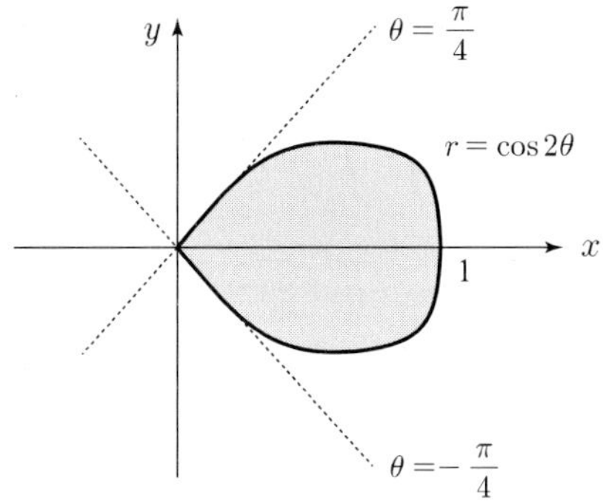

[그림 4.17] 4겹 장미의 한 잎

연습문제 4.3

01. 원점이 중심이고 반지름이 5인 원판 R에 대해서 $\iint_R xy\,dA$의 값을 구하라.

02. 심장형 $r = 1 + \sin\theta$의 내부와 원 $r = 1$의 외부에 공통으로 해당하는 부분을 R이라 할 때 $\iint_R \frac{1}{\sqrt{x^2+y^2}}\,dA$의 값을 구하라.

03. 포물면 $z = x^2 + y^2$의 아래 부분과 xy평면의 윗부분, 그리고 원주면 $x^2 + y^2 = 2x$의 안쪽에 있는 도형의 체적을 구하라.

04. 다음의 주어진 영역을 그림으로 나타내고 그 넓이를 각각 구하라.

(1) 장미형 $r = \cos 3\theta$의 꽃잎 한 장

(2) 연주형 $r^2 = 4\cos 2\theta$의 내부

(3) 원 $r = 3$의 내부와 심장형 $r = 1 + \cos\theta$의 외부와의 공통영역

05. 다음의 반복 적분을 극좌표상의 적분으로 바꾸어 계산하라.

$$\int_0^1 \int_0^{\sqrt{1-x^2}} e^{x^2+y^2} dy dx$$

06. 다음의 반복 적분을 극좌표상의 적분으로 바꾸어 계산하라.

$$\int_0^2 \int_{-\sqrt{4-y^2}}^{\sqrt{4-y^2}} x^2 y^2 dx dy$$

07. $R = \{(x,\ y) | 0 \le y \le x \le 1\}$이고 $I = \iint_R (x^2 - y^2) dx dy$일 때 I의 값을 구하라.
(힌트: $x = u + v,\ y = u - v$로 변환한다.)

08. R이 다음 타원의 내부일 때 $\iint_R x^2 + y^2 dx dy$의 값을 구하라.

$$R:\ \frac{x^2}{a^2} + \frac{y^2}{b^2} = 1$$

09. $\int_0^\infty e^{-x^2} dx$의 값을 구하라.

4.4 곡면의 표면적

CALCULUS

곡면의 표면적을 구하는 것은 평면도형의 면적을 구하는 일이나 입체의 체적을 구하는 문제보다는 좀 더 어려운 일이다. 회전곡면과 같은 특별한 형태의 곡면의 표면적은 일변수 적분을 이용하여 구할 수 있었다. (정적분의 응용 참조) 여기에서는 이변수 함수의 그래프인 $z=f(x, y)$로 나타나는 곡면의 면적을 이중적분을 이용하여 계산한다.

다음 그림과 같이 S를 식 $z=f(x, y)$로 나타나는 곡면이라 하자. 함수 f가 연속인 편도함수를 갖는다고 가정하자. 계산을 편리하게 하기 위해서 $f(x, y) \geq 0$이고 f의 정의역은 가장 단순한 영역인 직사각형이라 가정한다. 다른 경우도 약간의 변화를 통해서 마찬가지 방법으로 계산할 수 있다.

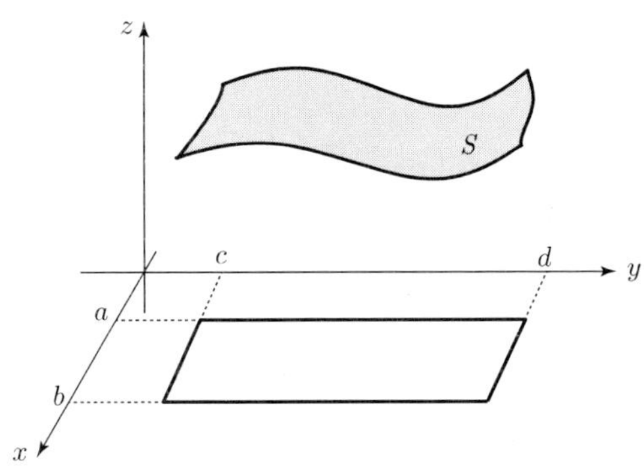

[그림 4.18] 직사각형 위의 곡면

직사각형을 $D=[a, b]\times[c, d]$라 하고 D의 한 분할 P를 생각하자. 앞에서와 마찬가지로 구간 $[a, b]$ 와 $[c, d]$ 를 각각 m개와 n개의 소구간 $a=x_0<x_1<\cdots<x_m=b$와 $c=y_0<y_1<\cdots<y_n=d$로 나누었다고 할 때 작은 직사각형 $R_{i,j}$의 면적은 $\Delta A_{i,j}=\Delta x_i \Delta y_j$이 되고 점 $P_{i,j}=(x_i, y_j, f(x_i, y_j))$는 S상의 점이 된다. 먼저 점 $P_{i,j}$에서의 S의 접평면 $T_{i,j}$를 생각한다. $T_{i,j}$와 $R_{i,j}$의 f에 의한 상 $S_{i,j}$는 매우 비슷하고 그 각각의 면적$\Delta T_{i,j}$와 $\Delta S_{i,j}$는 근접할 것이다. 따라서 그 합인 $\sum_{i=1}^{m}\sum_{j=1}^{n}\Delta T_{i,j}$의 값은 $\Delta S_{i,j}$의 합인 S의 면적 $A(S)$로 접근한다.

지금까지의 내용을 요약하면 직사각형 영역 R상에 주어진 함수$z=f(x, y)$의 그래프가 만드는 곡면 S에 대해서 그 표면적 $A(S)$는 다음과 같이 나타낼 수 있다.

$$A(S) = \lim_{\|P\| \to 0} \sum_{i=1}^{m} \sum_{j=1}^{n} \Delta T_{i,\,j}$$

여기서 $\| P \|$는 R의 분할 P의 크기이고 $T_{i,\,j}$는 점 $P_{i,\,j} = (x_i,\ y_j,\ f(x_i,\,y_j))$에서 S의 접평면이다. 위 식은 실제로 계산하기 어려우므로 $\Delta T_{i,\,j}$에 대해서 자세히 살펴보아야 한다. 다음 그림처럼 시점 $P_{i,\,j}$이고 평행사변형 $T_{i,\,j}$를 이루는 x축과 y축에 평행한 두 벡터를 각각 $\boldsymbol{a}$, $\boldsymbol{b}$라 놓는다. 그러면 $\Delta T_{i,\,j} = |\boldsymbol{a} \times \boldsymbol{b}|$이고 4장에서 살펴본 바와 같이 $f_x(x_i,\ y_j)$와 $f_y(x_i,\ y_j)$는 $\boldsymbol{a}$와 $\boldsymbol{b}$와 각각 방향이 같고 점 $P_{i,\,j}$를 지나는 접선의 기울기가 된다. 따라서

$$\boldsymbol{a} = \Delta x_i \boldsymbol{i} + f_x(x_i,\ y_j)\Delta x_i \boldsymbol{k}$$
$$\boldsymbol{b} = \Delta y_j \boldsymbol{j} + f_y(x_i,\ y_j)\Delta y_j \boldsymbol{k}$$

이고

$$\begin{aligned}
\boldsymbol{a} \times \boldsymbol{b} &= \begin{vmatrix} \boldsymbol{i} & \boldsymbol{j} & \boldsymbol{k} \\ \Delta x_i & 0 & f_x(x_i,\ y_j)\Delta x_i \\ 0 & \Delta y_j & f_x(x_i,\ y_j)\Delta x_i \end{vmatrix} \\
&= -f_x(x_i,\ y_j)\Delta x_i \Delta y_j \boldsymbol{i} - f_y(x_i,\ y_j)\Delta x_i \Delta y_j \boldsymbol{j} + \Delta x_i \Delta y_j \boldsymbol{k} \\
&= [-f_x(x_i,\ y_j)\boldsymbol{i} - f_y(x_i,\ y_j)\boldsymbol{j} + \boldsymbol{k}]\,\Delta A_{i,\,j}
\end{aligned}$$

앞에서 정의한 $A(S)$식으로부터

$$\begin{aligned}
A(S) &= \lim_{\|P\| \to 0} \sum_{i=1}^{m} \sum_{j=1}^{n} \Delta T_{i,\,j} \\
&= \lim_{\|P\| \to 0} \sum_{i=1}^{m} \sum_{j=1}^{n} \sqrt{(f_x(x_i,\ y_j))^2 + (f_y(x_i,\ y_j))^2 + 1}\,\Delta A_{i,\,j}
\end{aligned}$$

이 성립하고 다음의 표면적 공식을 얻을 수 있다.

정리 4.5 곡면의 표면적

함수 $z = f(x,\ y)$가 직사각형 D에서 정의되어 있고 그 편도함수 f_x와 f_y가 연속일 때 $z = f(x,\ y)$에 의해 나타난 곡면 S의 표면적은 다음과 같다.

$$A(S) = \iint_D \sqrt{(f_x)^2 + (f_y)^2 + 1}\, dA$$

구간 $[a, b]$에서 정의된 일변수 함수 $y = f(x)$의 그래프의 길이는 앞 장에서 구하였고 그 결과는 다음과 같았다.

$$L = \int_a^b \sqrt{(f'(x))^2 + 1}\, dx$$

이 식은 곡면의 표면적과 매우 밀접한 관계가 있음을 알 수 있다.

예제 4.17 영역 D는 네 직선 $x = 0,\ x = 3,\ y = 0,\ y = 2$에 의해서 둘러싸인 직사각형 영역이다. 곡면 $f(x,\ y) = \frac{2}{3}x^{\frac{3}{2}}$의 표면적을 구하라.

풀이 [그림 4.19]의 직사각형 영역은 $T = \{(x,\ y) | 0 \le x \le 3,\ 0 \le y \le 2\}$로 나타낼 수 있고 $f(x,\ y) = \frac{2}{3}x^{\frac{3}{2}}$의 $f_x = x^{\frac{1}{2}},\ f_y = 0$이므로 표면적은

$$A = \iint_T \sqrt{(x^{\frac{1}{2}})^2 + 0^2 + 1}\, dA = \int_0^3 \int_0^2 \sqrt{x+1}\, dy dx$$

$$= \frac{4}{3}(x+1)^{\frac{3}{2}}\Big]_0^3 = \frac{28}{3}$$

◆

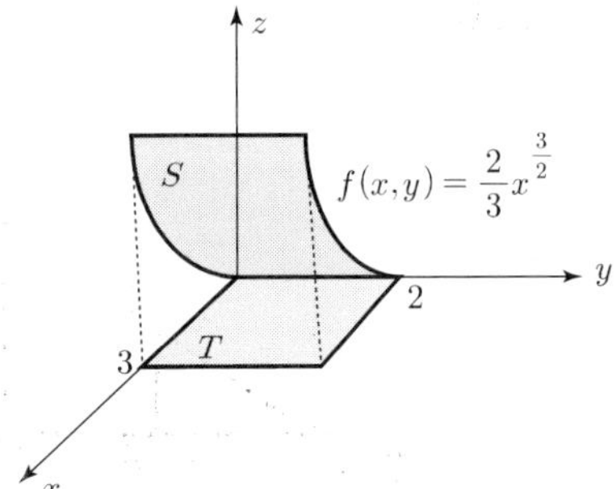

[그림 4.19] $f(x,\ y) = \frac{2}{3}x^{\frac{3}{2}}$의 그래프

직사각형 영역이 아닌 경우도 $f(x,\ y)$가 충분히 좋은 함수라면 위와 같이 그래프의 표면적을 구할 수 있다.

정리 4.6 곡면의 표면적

함수 $z=f(x,\ y)$가 영역 D에서 정의되어 있고 그 편도함수 f_x와 f_y가 연속일 때 $z=f(x,\ y)$에 의해 나타난 곡면 S의 표면적은

$$A(S)=\iint_D \sqrt{(f_x)^2+(f_y)^2+1}\,dA$$

이다.

예제 4.18 영역 T는 세 점 $(0,\ 0)$, $(1,\ 0)$, $(1,\ 1)$을 꼭짓점으로 하는 xy평면상의 직각삼각형이다. 곡면 $z=x^2+2y$의 표면적을 구하라.

풀이 [그림 4.20]과 같이 삼각형 영역은 $T=\{(x,\ y)|0\le x\le 1,\ 0\le y\le x\}$로 나타낼 수 있고, $f(x,\ y)=x^2+2y$에 대해서 표면적은

$$A=\iint_T \sqrt{(2x)^2+2^2+1}\,dA=\int_0^1\int_0^x \sqrt{4x^2+5}\,dydx$$

$$=\int_0^1 x\sqrt{4x^2+5}\,dx=\frac{1}{8}\cdot\frac{2}{3}(4x^2+5)^{\frac{3}{2}}\Big]_0^1$$

$$=\frac{1}{12}(27-5\sqrt{5})$$

◆

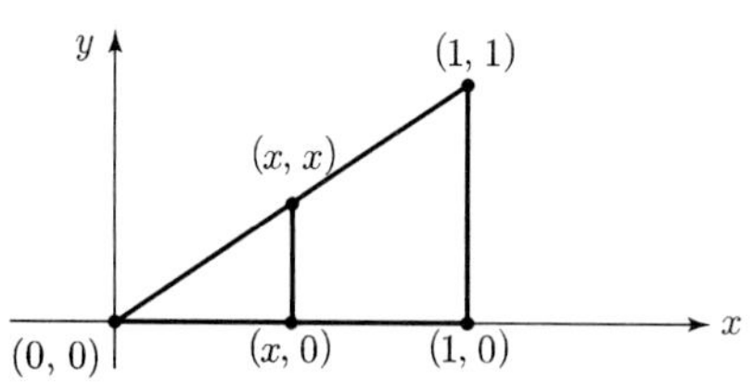

[그림 4.20] 영역 T

예제 4.19 평면 $z=4$ 아래에 놓여있는 포물면 $z=x^2+y^2$의 표면적을 구하라.

풀이 평면 $z=4$와 포물면 $z=x^2+y^2$가 만나는 부분은 원 $x^2+y^2=4$으로 나타낼 수 있고, 이 입체는 원 $x^2+y^2=4$상에 놓여 있다. 따라서 영역 D는 원 $x^2+y^2=4$으로 나타낼 수 있고, 표면적은

$$\begin{aligned} A &= \iint_D \sqrt{(2x)^2+(2y)^2+1}\,dA \\ &= \iint_D \sqrt{4x^2+4y^2+1}\,dA \end{aligned}$$

이를 직접 계산하는 것보다 극좌표를 이용해서 계산하면

$$\begin{aligned} A &= \int_0^{2\pi}\int_0^2 \sqrt{4r^2+1}\,r\,drd\theta \\ &= \frac{1}{8}\int_0^{2\pi} d\theta \int_0^2 8r\sqrt{4r^2+1}\,dr \\ &= \frac{2\pi}{8}\cdot\frac{2}{3}(4r^2+1)^{\frac{3}{2}}\Big]_0^2 \\ &= \frac{\pi}{6}(17\sqrt{17}-1) \end{aligned}$$

◆

예제 4.21 $a>0$이라 할 때 원뿔 $z=a\sqrt{x^2+y^2}$의 최소 반지름과 최대 반지름이 각각 r_1, r_2인 원뿔대의 곡면 면적 S를 구하라.

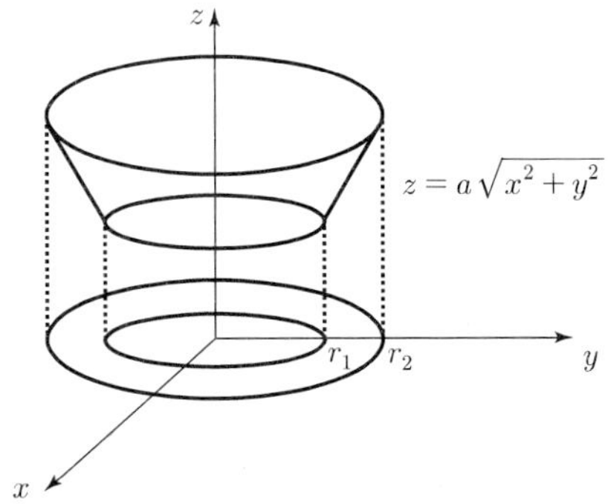

[그림 4.21] 원뿔대

풀이 [그림 4.21]과 같이 원뿔대는 xy평면상의 원환 $r_1^2 \le x^2+y^2 \le r_2^2$으로 둘러 싸인 영역의 위쪽에 놓여 있다. 만약 $f(x,\ y) = a\sqrt{x^2+y^2}$이라면

$$f_x(x,\ y) = \frac{ax}{\sqrt{x^2+y^2}},\ f_y(x,\ y) = \frac{ay}{\sqrt{x^2+y^2}}$$

이므로

$$\begin{aligned} S &= \iint_R \sqrt{\left(\frac{ax}{\sqrt{x^2+y^2}}\right)^2 + \sqrt{\left(\frac{ay}{\sqrt{x^2+y^2}}\right)^2} + 1}\ dA \\ &= \iint_R \sqrt{\left(\frac{a^2x^2}{x^2+y^2}\right) + \left(\frac{a^2y^2}{x^2+y^2}\right) + 1}\ dA \\ &= \iint_R \sqrt{a^2+1}\, dA \\ &= \sqrt{a^2+1} \iint_R dA = \sqrt{a^2+1} \cdot A(R) \\ &= \pi\sqrt{a^2+1}\,(r_2^2 - r_1^2) \end{aligned}$$

◆

연습문제 4.4

01. 원주면 $x^2+y^2=1$로 둘러싸인 원주면 $y^2+z^2=1$상의 면적 S를 구하라.

02. 곡면 $x^2+y^2=2z$와 평면 $z=x$로 둘러싸인 입체의 표면적을 구하라.

03. 곡면 $\sqrt{\frac{x}{2}}+\sqrt{\frac{y}{3}}+\sqrt{\frac{z}{5}}=1$과 세 좌표평면으로 둘러싸인 입체의 표면적을 구하라.

04. 곡면 $z=x^2+y^2$와 평면 $z=x+y$로 둘러싸인 입체의 표면적을 구하라.

05. 주면 $x=1-y^2$와 주면 $z=1-x^2$ 중 $x\geq 0$, $y\geq 0$, $z\geq 0$부분에 의해 둘러싸인 입체의 표면적을 구하라.

06. 평면 $\frac{x}{2}+\frac{y}{3}+z=1$중 제 1 팔분면(즉, $x\geq 0$, $y\geq 0$, $z\geq 0$)상에 있는 부분의 곡면을 구하라.

07. 구면 $x^2+y^2+z^2=1$의 내부에 있는 원주 $x^2+y^2=x$의 표면적을 구하라.

4.5 삼중적분

CALCULUS

이 절에서는 삼변수 함수의 중적분인 삼중적분에 대해서 알아보려 한다. 삼중적분의 경우는 많은 경우에 이중적분과 비슷하게 전개되기 때문에 앞에서 다룬 방법과 같은 방법을 적용하게 된다. 일변수 함수 $y=f(x)$의 경우 중적분, 이변수 함수 $z=f(x,\ y)$의 경우 이중적분을 할 수 있었는데 마찬가지로 삼변수 함수 $f(x,\ y,\ z)$에 대해서는 삼중적분을 할 수 있다. 이 경우 f의 정의역은 공간상의 입체의 내부가 될 수 있는데 특히 f가 직육면체 B상에서 정의되어 있다고 가정하고 만약

$$B=\{(x,\ y,\ z) | a \le x \le b,\ c \le y \le d,\ r \le z \le s\}$$

로 나타난다면 앞에서와 마찬가지로 구간 $[a,\ b]$, $[c,\ d]$ 와 $[r,\ s]$를 각각 $l,\ m,\ n$개의 소구간

$$a=x_0 < x_1 < \cdots\ x_{l-1} < x_l = b,$$
$$c=y_0 < y_1 < \cdots\ y_{m-1} < y_m = d,$$
$$r=z_0 < z_1 < \cdots\ z_{n-1} < z_n = s$$

으로 분할한다.

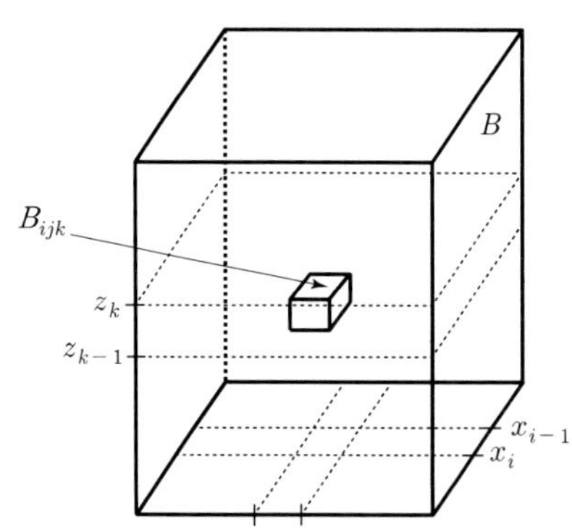

[그림 4.22] 직육면체의 분할

이와 같은 분할에 의해 B는 lmn개의 작은 직육면체 $B_{ijk}=[x_{i-1},\ x_i]\times[y_{j-1},\ y_j]\times[z_{k-1},\ z_k]$들로 분할된다. 이 분할을 P라 하자. B_{ijk}의 체적은 $\Delta V_{ijk}=\Delta x_i \Delta y_j \Delta z_k$

로 나타낼 수 있다.

여기서 **삼중 리만합**(triple Riemann sum)을 다음과 같이 정의할 수 있다.

$$\sum_{i=1}^{l}\sum_{j=1}^{m}\sum_{k=1}^{n} f(x_i^*,\ y_j^*,\ z_k^*)\Delta A$$

여기서 $x_i^*,\ y_j^*,\ z_k^*$는 각각 소구간 $[x_{i-1},\ x_i]$, $[y_{j-1},\ y_j]$, $[z_{k-1},\ z_k]$상의 점들이다. $\|P\|$를 분할 P의 크기(즉, 직육면체 B_{ijk}의 대각선들 중 가장 큰 수)라 하면 다음과 같은 삼중적분을 정의할 수 있다.

정의 4.3 삼중적분

만약 $f(x,\ y,\ z)\geq 0$이고 그 정의역이 직육면체 B일 때 B상에 주어진 삼변수 함수 $f(x,\ y,\ z)$의 삼중적분은 만약 다음의 극한이 존재할 경우 다음과 같이 정의한다.

$$\iiint_B f(x,\ y,\ z)dV = \lim_{\|P\|\to 0}\sum_{i=1}^{l}\sum_{j=1}^{m}\sum_{k=1}^{n} f(x_i^*,\ y_j^*,\ z_k^*)\Delta V_{ijk}$$

함수 f가 만약 연속함수이면 위의 정의에 나오는 극한은 항상 존재하고 위 식은 다음과 같이 쓸 수 있다.

$$\iiint_B f(x,\ y,\ z)dV = \iiint_B f(x,\ y,\ z)dxdydz$$

실제적인 계산은 다음과 같이 반복적분으로 계산할 수 있다.

정리 4.7 삼중적분에 대한 푸비니 정리

만약 삼변수 함수 $f(x,\ y,\ z)$가 직육면체 $B=[a,\ b]\times[c,\ d]\times[r,\ s]$에서 연속일 때

$$\iiint_B f(x,\ y,\ z)dV = \int_r^s\int_c^d\int_a^b f(x,\ y,\ z)dxdydz$$

위의 반복적분 계산에서 적분의 순서를 바꾸어도 같은 계산결과가 된다.

예제 4.22 $B=[0,\ 1]\times[-1,\ 2]\times[0,\ 3]$에서 정의된 함수 $f(x,\ y,\ z)=xyz^2$ 대해서 $\iiint_B f(x,\ y,\ z)dV$ 를 구하라.

풀이

$$\begin{aligned}\iiint_B f(x,\ y,\ z)dV &= \int_0^3\int_{-1}^2\int_0^1 xyz^2 dxdydz \\ &= \int_0^3\int_{-1}^2\left[\frac{x^2yz^2}{2}\right]_{x=0}^{x=1}dydz \\ &= \int_0^3\int_{-1}^2\frac{yz^2}{2}dydz \\ &= \int_0^3\left[\frac{y^2z^2}{4}\right]_{y=-1}^{y=2}dz \\ &= \int_0^3\frac{3z^2}{4}dz=\left.\frac{z^3}{4}\right]_0^3=\frac{27}{4}\end{aligned}$$

◆

이중적분에서와 마찬가지로 삼중적분을 하기 위한 삼변수 함수 $f(x,\ y,\ z)$의 정의역이 직사각형 형태가 아니라 좀 더 복잡한 입체인 경우에도 삼중적분을 할 수 있다.

이때 영역이 될 수 있는 입체의 종류는 매우 다양할 수 있고 우리가 쉽게 계산 할 수 있는 영역은 몇 가지 종류로 나눌 수 있다.

(1) I형 영역: D가 xy평면상의 영역일 때 $\rho_1(x,\ y)\le z\le\rho_2(x,\ y)$를 만족하는 경우

이 경우 영역은 $E=\{(x,\ y,\ z)\,|\,(x,\ y)\in D,\ \rho_1(x,\ y)\le z\le\rho_2(x,\ y)\}$로 나타낼 수 있다.

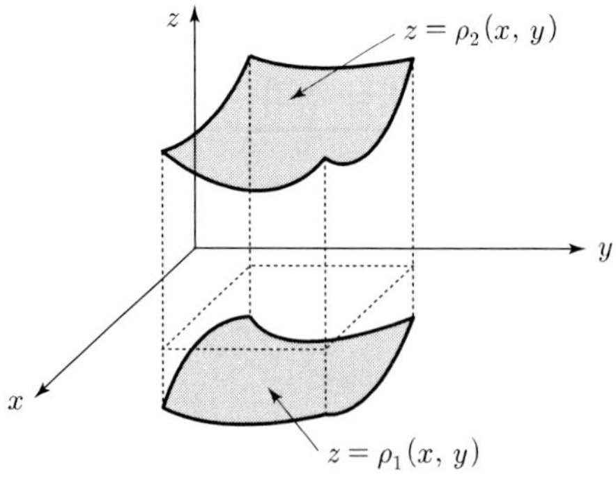

[그림 4.23] I형 영역

이 경우 삼중적분은 다음과 같이 계산할 수 있다.

$$\iiint_E f(x,\ y,\ z)dV = \iint_D \left[\int_{\rho_1(x,\ y)}^{\rho_2(x,\ y)} f(x,\ yz)dz \right] dA$$

여기서 z에 관한 적분을 먼저 하게 되면 남는 적분은 이중적분의 문제로 바뀌게 되고 남는 적분의 방법은 D의 모양에 따라서 앞 절에서와 같이 하면 된다.

(2) II형 영역: D가 yz평면상의 영역일 때 $\rho_1(y,\ z) \le x \le \rho_2(y,\ z)$를 만족하는 경우

이 경우 영역은 $E = \{(x,\ y,\ z) | (y,\ z) \in D,\ \rho_1(y,\ z) \le x \le \rho_2(y,\ z)\}$로 나타낼 수 있다.

(3) III형 영역: D가 xz평면상의 영역일 때 $\rho_1(x,\ z) \le y \le \rho_2(x,\ z)$를 만족하는 경우

이 경우 영역은 $E = \{(x,\ y,\ z) | (x,\ z) \in D,\ \rho_1(x,\ z) \le y \le \rho_2(x,\ z)\}$로 나타낼 수 있다.

형태 II나 형태 III의 영역의 경우는 적분의 순서를 바꿈으로써 형태 I의 영역의 경우와 마찬가지로 계산할 수 있다.

직육면체 영역과 위에서 언급한 세 가지 형태의 영역을 제외한 다른 형태의 영역에서 정의된 함수의 삼중적분은 이 책에서는 다루지 않는다.

예제 4.23 E가 세 평면 $x=0,\ y=0,\ z=0$와 평면 $x+y+z-1=0$ 사이에 있는 입체일 때 $\iiint_E x dV$를 구하라.

풀이 영역 E를 그림으로 나타내면 다음 [그림 4.24]와 같다.

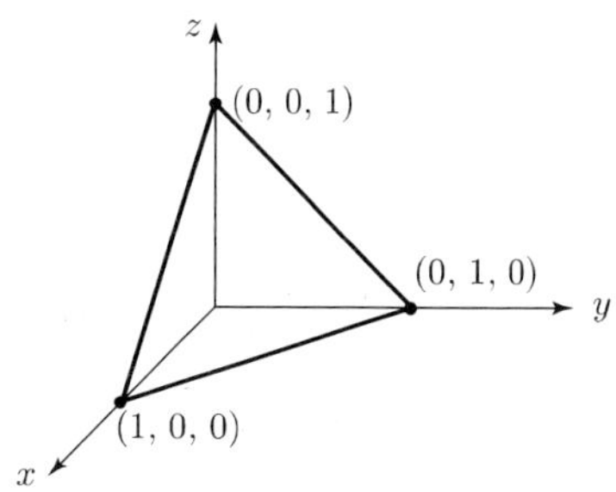

[그림 4.24] 영역 E

이 도형의 yz 평면으로의 정사영 D를 다시 그림으로 살펴보면 다음과 같음을 알 수 있다.(그림 4.25)

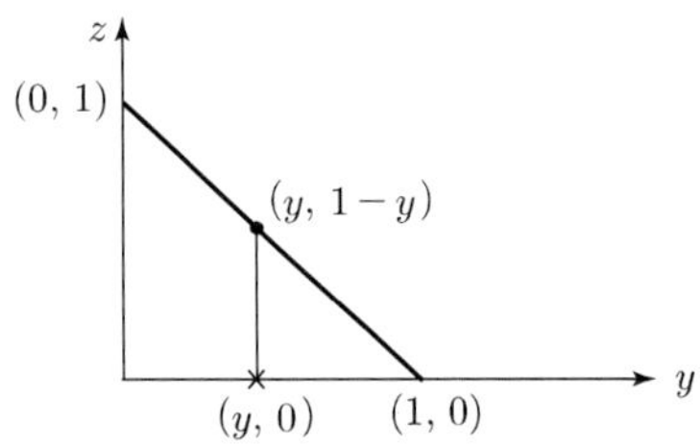

[그림 4.25] 영역 E의 yz 평면으로의 정사영

따라서 영역은 다음과 같이 나타낼 수 있고 이는 형태 II에 해당되어

$$E = \{(x,\ y,\ z) \mid 0 \le x \le 1-y-z,\ 0 \le y \le 1,\ 0 \le z \le 1-y\}$$

이 적분은 다음과 같이 할 수 있다.

$$\begin{aligned}
\iiint_E x\,dV &= \int_0^1 \int_0^{1-y} \int_0^{1-y-z} x\,dx\,dz\,dy \\
&= \int_0^1 \int_0^{1-y} \left[\frac{x^2}{2}\right]_{x=0}^{x=1-y-z} dz\,dy \\
&= \int_0^1 \int_0^{1-y} \frac{(1-y-z)^2}{2} dz\,dy \\
&= -\int_0^1 \frac{1}{6}[(1-y-z)^3]_{z=0}^{z=1-y} dy \\
&= \frac{1}{6}\int_0^1 (1-y)^3 dy \\
&= \frac{1}{24}
\end{aligned}$$

◆

예제 4.24 포물면 $y = x^2 + z^2$과 평면 $y = 4$에 의해서 유계된 영역을 E라 하고 $f(x,\ y,\ z) = \sqrt{x^2+z^2}$가 E에서 정의되어 있을 때 다음 $\iiint_E f\,dV$를 구하라.

[풀이] 영역 E는 [그림 4.26]과 같다.

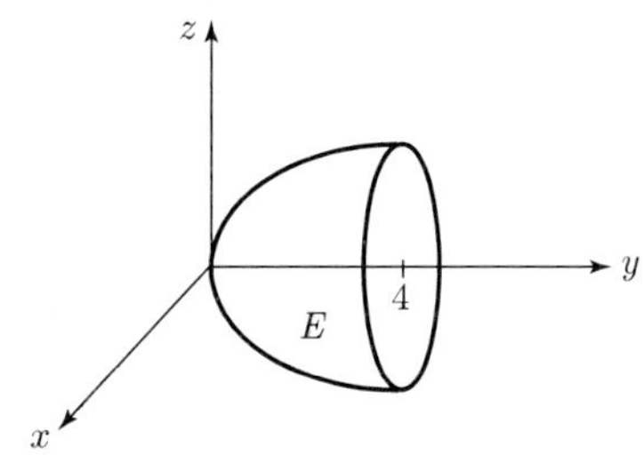

[그림 4.26] 영역 E

이 도형의 xy평면으로의 정사영 D를 다시 그림으로 살펴보면 다음과 같음을 알 수 있다. [그림 4.27]

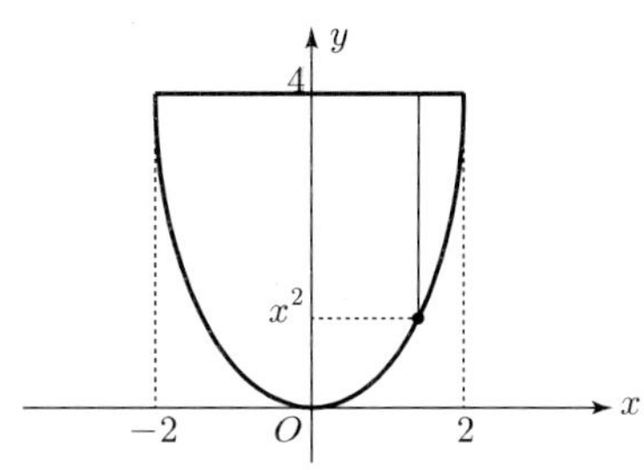

[그림 4.27] 영역 E (xy평면으로의 정사영)

따라서 영역은 다음과 같이 나타낼 수 있고 이는 형태 I에 해당되어

$$E = \left\{ (x,\ y,\ z) | -2 \le x \le 2,\ x^2 \le y \le 4,\ -\sqrt{y-x^2} \le z \le \sqrt{y-x^2} \right\}$$

따라서 적분은 다음과 같이 할 수 있다.

$$\iiint_E \sqrt{x^2+z^2}\, dV = \int_{-2}^{2} \int_{x^2}^{4} \int_{-\sqrt{y-x^2}}^{\sqrt{y-x^2}} \sqrt{x^2+y^2}\, dx dy dz$$

이 계산은 매우 복잡해서 실제 계산에 매우 어려운 점이 있다. [그림 4.26]을 xz평면으로 정사영 시키면 이 문제는 형태 III의 문제로 바꿀 수 있다. 다음 [그림 4.28]이 xz평면으로 정사영 시킨 결과이다. 그림과 같이 반지름이 2인 원판이 됨을 알 수 있다.

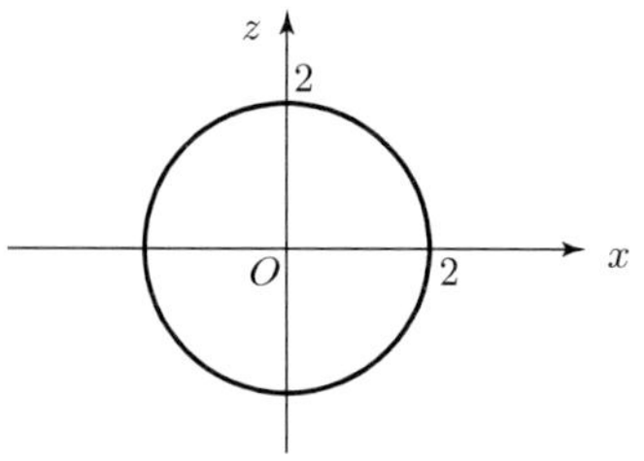

[그림 4.28] 영역 E (xz평면으로의 정사영)

이 영역은

$$E=\left\{(x,\ y,\ z)\mid -2 \le x \le 2,\ x^2+z^2 \le y \le 4,\ -\sqrt{y-x^2} \le z \le \sqrt{y-x^2}\right\}$$

로 나타낼 수 있고 삼중적분은

$$\begin{aligned}\iiint_E \sqrt{x^2+z^2}\,dV &= \iint_{D'}\int_{x^2+z^2}^{4}\left[\sqrt{x^2+z^2}\,dy\right]dA \\ &= \iint_{D'}(4-x^2-z^2)\sqrt{x^2+z^2}\,dA \\ &= \int_{-2}^{2}\int_{-\sqrt{4-x^2}}^{\sqrt{4-x^2}}(4-x^2-z^2)\sqrt{x^2+z^2}\,dz\,dx\end{aligned}$$

이 식은 직접 계산하는 것보다는 극좌표로 변환해서 다음과 같이 계산할 수 있다.

$$\begin{aligned}\iiint_E \sqrt{x^2+z^2}\,dV &= \iint_{D'}(4-x^2-z^2)\sqrt{x^2+z^2} \\ &= \int_0^{2\pi}(4-r^2)\sqrt{r^2}\,r\,dr\,d\theta \\ &= \int_0^{2\pi}d\theta\int_0^2(4r^2-r^4)dr \\ &= 2\pi\left[\frac{4r^3}{3}-\frac{r^5}{5}\right]_0^2=\frac{128\pi}{15}\end{aligned}$$

◆

삼차원 직교좌표에서 정의된 함수에 대해서 극좌표와 같은 방법으로 생각하여 좌표변환할 수 있다. **구면좌표**(spherical coordinate)는 극좌표와 마찬가지로 원점에서의 거리 ρ와 x축과의 각도 θ, 그리고 z축과의 각도 ϕ로 이루어져 있다.

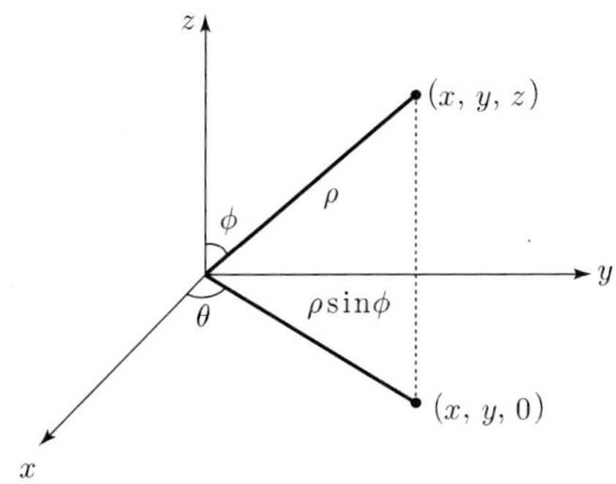

[그림 4.29] 구면좌표

즉, 구면좌표 $(\rho,\ \theta,\ \phi)$와 직교좌표 $(x,\ y,\ z)$의 관계는 다음과 같다.

$$x = \rho \sin \phi \cos \theta$$
$$y = \rho \sin \phi \sin \theta$$
$$z = \rho \cos \phi$$
$$0 \le \phi \le \pi,\ 0 \le \theta < 2\pi,\ \rho \ge 0$$

여기서 체적소의 변환은

$$J = \frac{\partial(x,\ y,\ z)}{\partial(\rho,\ \phi,\ \theta)} = \begin{vmatrix} \frac{\partial x}{\partial \rho} & \frac{\partial x}{\partial \phi} & \frac{\partial x}{\partial \theta} \\ \frac{\partial y}{\partial \rho} & \frac{\partial y}{\partial \phi} & \frac{\partial y}{\partial \theta} \\ \frac{\partial z}{\partial \rho} & \frac{\partial z}{\partial \phi} & \frac{\partial z}{\partial \theta} \end{vmatrix}$$
$$= \begin{vmatrix} \sin \phi \cos \theta & \rho \cos \phi \cos \theta & -\rho \sin \phi \sin \theta \\ \sin \phi \sin \theta & \rho \cos \phi \sin \theta & \rho \sin \phi \cos \theta \\ \cos \phi & -\rho \sin \phi & 0 \end{vmatrix}$$
$$= \rho^2 \sin \phi$$

따라서

$$\iiint_R f(x,\ y,\ z)\,dxdydz$$
$$= \int_0^{2\pi} \int_0^{\pi} \int_0^{r} f(\rho \sin \phi \cos \theta,\ \rho \sin \phi \sin \theta,\ \rho \cos \phi)\rho^2 \sin \phi \, d\rho d\phi d\theta$$

이 성립한다.

연습문제 4.5

01. 다음 삼중적분을 행하라.

(1) $\int_{0}^{3}\int_{-1}^{1}\int_{2}^{4}(xz-y)dzdydx$

(2) $\int_{-1}^{1}\int_{0}^{y}\int_{x-y}^{x+y}(2z-4y-2x)dzdxdy$

(3) $\int_{-1}^{1}\int_{-\sqrt{1-x^2}}^{\sqrt{1-x^2}}\int_{-\sqrt{1-x^2-y^2}}^{\sqrt{1-x^2-y^2}}|z|\,dzdydx$

(4) $\int_{0}^{\frac{\pi}{2}}\int_{0}^{\frac{\pi}{4}}\int_{0}^{3}r^2\sin\theta drd\theta d\rho$

02. 다음 삼중적분을 행하라.

$$\int_{0}^{1}\int_{0}^{1}\int_{\sqrt{x^2+y^2}}^{2}xyzdzdydx$$

03. 다음 식들에 의해서 유계된 입체의 체적을 구하라.

식: $z=x^2+y^2,\ z=2y$

04. 다음과 같은 식들에 의해서 유계되는 영역 R을 그리고 그 영역에서 정의된 다음 함수 $f(x,\ y,\ z)=x^2+y^2+z^2$에 대해서 $\iiint_R f(x,\ y,\ z)dV$의 값을 구하라.

식: $x+y+z=5,\ x=0,\ y=0,\ z=0$

05. 다음 식들에 의해서 유계된 입체의 체적을 구하라.

식: $z=4-x^2,\ x=0,\ y=0,\ y=4,\ z=0$

06. 어떤 물체가 위로는 구면 $x^2+y^2+z^2=9$, 아래로는 평면 $z=0$으로 둘러싸인 입체의 체적을 구하라.

07. $x^2+y^2+z^2 \le a^2$, 즉 반경이 a인 구의 체적을 구하라.

08. $\frac{x^2}{4}+\frac{y^2}{9}+z^2=1$로 둘러싸인 입체의 체적을 구하라.

4장 종합문제

01. 다음 적분 영역을 그리고 적분값을 구하라.

(1) $\int_0^1 \int_x^1 e^{y^2} dydx$　　(2) $\int_0^1 \int_{\sqrt{y}}^1 \sqrt{1+x^3}\, dxdy$

(3) $\int_0^2 \int_{x^2}^{2x} y\, dydx$　　(4) $\int_1^3 \int_{\frac{\pi}{6}}^{y^2} 2y \cos x\, dxdy$

02. 다음 주어진 영역 R을 그리고 $\iint_R f(x,\ y)dA$를 두 가지 방법의 반복적분으로 표현하라.

(1) $R: y=\sqrt{x},\ x=4,\ y=0$으로 둘러싸인 부분

(2) $R: y=\sqrt{x},\ y=x^3$으로 둘러싸인 부분

(3) $R: (-1,\ 0),\ (1,\ 0),\ (0,\ 1)$을 세 꼭짓점으로 하는 삼각형의 내부

(4) $R: y=\sqrt{1-x^2},\ y=0$으로 둘러싸인 부분

03. 다음 반복적분의 순서를 바꾸어서 적분값을 구하라.

(1) $\int_0^2 \int_{y^2}^4 y \cos x^2 dxdy$　　(2) $\int_0^1 \int_y^1 x^2 e^{xy} dxdy$

(3) $\int_1^e \int_0^{\ln x} y\, dydx$　　(4) $\int_0^2 \int_0^{4-x^2} \frac{xe^{2y}}{4-y} dydx$

04. 영역 $R=\{(x,\ y) \mid 2x^2+2xy+5y^2 \le 1\}$일 때 $\iint_R e^{-(2x^2+2xy+5y^2)} dxdy$의 값을 구하라.

05. 극좌표를 이용해서 다음의 적분을 행하라.

(1) $\int_{-1}^1 \int_{-\sqrt{1-x^2}}^{\sqrt{1-x^2}} dydx$　　(2) $\int_0^1 \int_0^{\sqrt{1-y^2}} (x^2+y^2) dxdy$

(3) $\int_{-2}^{2}\int_{-\sqrt{4-x^2}}^{\sqrt{4-x^2}}(x^2+y^2)\,dydx$ (4) $\int_{0}^{1}\int_{0}^{\sqrt{1-y^2}}\sin(x^2+y^2)\,dxdy$

06. 다음 곡면으로 둘러싸인 입체의 체적을 구하라.

(1) $x+y+2z=1,\ x=0,\ y=0,\ z=0$

(2) $z=x^2+y^2,\ x=y,\ x=2,\ y=0,\ z=0$

(3) $x^2+4y^2=z,\ x^2+4y^2=12-2z$

(4) $z=5-x^2,\ z=4x^2,\ y=0,\ x+y=1$

07. 다음 적분의 적분영역을 그리고 반복적분의 계산을 하라.

$$\int_{-1}^{1}\int_{x^2}^{1}\int_{0}^{1-y}dzdydx$$

08. 다음을 구면좌표를 이용해서 계산하라.

(1) $\iiint_R \sqrt{x^2+y^2}\,z\,dV,\ R: x^2+y^2\le 1,\ 0\le z\le 2$

(2) $\iiint_R (x^2+z)\,dV,\ R: x^2+y^2\le 9,\ 0\le z\le 6$

(3) $\iiint_R x^2+y^2dV,\ R: x^2+y^2\le 1,\ 0\le z\le 1-\sqrt{x^2+y^2}$

(4) $\iiint_R (4+\sqrt{z})\,dV,\ R: x^2+y^2\le 1,\ \sqrt{x^2+y^2}\le z\le 1$

부록

1. 연습문제와 종합문제 해답
2. 적분표

1 연습문제와 종합문제 해답

CALCULUS

제1장 수열과 급수

연습문제 1.1

01. (1) $(-1)^n n$ (3) $5n-3$

03. (1) 발산 (3) 수렴, 1 (5) 수렴, 0 (7) 수렴, 0

05. 아래로 유계: 01의 (3)번, 02의 (3)번

유계수열: 01의 (2), (3)번, 02의 (1), (2), (4)번

연습문제 1.2

01. (1) 발산 (3) 발산 (5) 수렴, $\frac{5}{2}$ (7) 발산 (9) 발산

03. (1) 수렴 (3) 발산 (5) 수렴 (7) 수렴

05. (1) 발산 (3) 수렴 (5) 수렴 (7) 발산

연습문제 1.3

01. (1) 발산 (3) 수렴 (5) 수렴 (7) 발산 (9) 수렴

연습문제 1.4

01. (1) $\sum_{n=0}^{\infty}\frac{(-1)^n}{2^{n+1}}x^n$, $(-2,\ 2)$ (3) $1-x^2+x^4-x^6+\cdots$, $(-1,\ 1)$

(5) $\sum_{n=0}^{\infty}\frac{(-1)}{5^{n+1}}x^n$, $(-5,\ 5)$ (7) $\ln 3+\sum_{n=1}^{\infty}\frac{(-1)^{n-1}}{n3^n}x^n$, $-3<x\le 3$

(9) $\sum_{n=0}^{\infty}\frac{2}{2n+1}x^{2n+1}$, $(-1,\ 1)$

연습문제 1.5

01. (1) $1-\frac{3}{2}x^2+\frac{5}{4!}x^4-\frac{7}{6!}x^6+\cdots,\ -\infty < x < \infty$

(3) $x-\frac{x^3}{3!}+\frac{x^5}{5!}-\cdots,\ -\infty < x < \infty$

(5) $1+\frac{x}{2}+\sum_{n=2}^{\infty}(-1)^{n-1}\frac{1\cdot 3\cdot 5\cdots(2n-3)}{2^n n!}x^n,\ |x|<1$

(7) $\sum_{n=1}^{\infty}\frac{(-1)^{n+1}2^{2n-1}}{(2n)!}x^{2n},\ -\infty < x < \infty$

연습문제 1.6

01. (1) $0.99833,\ R_3 < 0.00004$ (3) $0.4106,\ R_3 < 0.00085$

03. (1) 0.245 (3) 0.125 (5) 0.9461

1장 종합문제

01. (1) 발산 (3) 발산 (5) 발산

02. (1) 발산 (3) 발산 (5) 수렴 (7) 발산

03. (1) 조건부 수렴 (3) 절대수렴 (5) 조건부 수렴

04. (1) $|x|<\frac{1}{3}$ (3) $|x|<1$ (5) $-10<x<-6$ (7) $-\frac{1}{3}<x<\frac{1}{3}$

05. (1) $1-\frac{x^2}{3}+\frac{x^4}{5}-\frac{x^6}{7}+\frac{x^8}{9}-\cdots$ $(r=1)$

(3) $1+\frac{x^4}{2!}+\frac{x^8}{4!}+\cdots+\frac{x^{4n}}{(2n)!}+\cdots$ $(r=\infty)$

(5) $\frac{1}{3}x^3-\frac{1}{5}x^5+\frac{1}{7}x^7-\cdots$ $(r=1)$

(7) $1-2x^2+3x^4-4x^6+5x^8-\cdots$ $(r=1)$

(11) $\frac{1}{2}x^2-\frac{1}{2\cdot 3}x^3+\frac{1}{3\cdot 4}x^4-\cdots$ $(r=1)$

제2장 벡터와 행렬

연습문제 2.1

01. (1) $(-3,\ 1,\ -2)$　(2) $(-19,\ 4,\ -10)$　(3) $(-10,\ 6,\ 25)$

03. $Q(0,\ -2,\ 2)$

05. (1) $-(\boldsymbol{a}+\boldsymbol{b})$　(2) $-\frac{1}{2}\boldsymbol{a}-\boldsymbol{b}$　(3) $\boldsymbol{a}+\frac{1}{2}\boldsymbol{b}$　(4) $-\frac{1}{2}\boldsymbol{a}+\frac{1}{2}\boldsymbol{b}$

07. $\overrightarrow{OC}=3\boldsymbol{a}-2\boldsymbol{b}$ 라고 하면

$\overrightarrow{BC}=\overrightarrow{OC}-\overrightarrow{OB}=(3\boldsymbol{a}-2\boldsymbol{b})-\boldsymbol{b}=3(\boldsymbol{a}-\boldsymbol{b})=3(\overrightarrow{OA}-\overrightarrow{OB})=3\overrightarrow{BA}$

따라서 $\overrightarrow{BA}$와 $\overrightarrow{BC}$는 서로 평행하고 B를 공유하므로 세 점 A, B, C는 한 직선상에 놓인다.

09. $k=4$

11. 꼭짓점의 순서대로 주어진 평행사변형 $ABCD$에서 $\overrightarrow{AB}$와 $\overrightarrow{DC}$는 평행사변형의 서로 마주한 두 벡터로서 $\overrightarrow{AB}=\overrightarrow{DC}$이므로 $B-A=C-D$로부터 $A+C=B+D$가 성립한다. 따라서

$$\text{대각선 } AC\text{의 중점} = \frac{1}{2}(A+C) = \frac{1}{2}(B+D) = \text{대각선 } BD\text{의 중점}$$

이 되어 평행사변형의 대각선은 서로를 이등분한다.

연습문제 2.2

01. (1) $\boldsymbol{a}\cdot\boldsymbol{b}=0$　(2) $\boldsymbol{b}=k\boldsymbol{a},\ (k\neq 0)$　(3) $\boldsymbol{b}=k\boldsymbol{a},\ (k>0)$

03. (1) $\left(\frac{1}{5},\ 0,\ \frac{2}{5}\right)$　(2) $\left(\frac{1}{2},\ \frac{1}{2},\ 0\right)$　(3) $(1,\ 0,\ 2)$　(4) $\left(\frac{5}{6},\ -\frac{5}{6},\ \frac{5}{3}\right)$

05. $-\frac{1}{2}$

07. $\frac{3}{4}\pi$

09. (1) $\sqrt{6}$　(2) $\frac{5}{8}$

11. $\pm \dfrac{1}{\sqrt{11}}(1,\ 1,\ -3)$

연습문제 2.3

01. $(5,\ 3),\ \left(\dfrac{7}{3},\ \dfrac{7}{3}\right)$

03. (1) 평면의 방정식: $x = 1 + 2t,\ y = 3 - 5t,\ z = 2 + 2t$

평면과의 교점: $(11,\ -22,\ 12)$

(2) 평면의 방정식: $x = 1 - 2t,\ y = 1,\ z = 1 + t$

평면과의 교점: $(-3,\ 1,\ 3)$

05. $(5,\ 9,\ 13)$

07. (1)

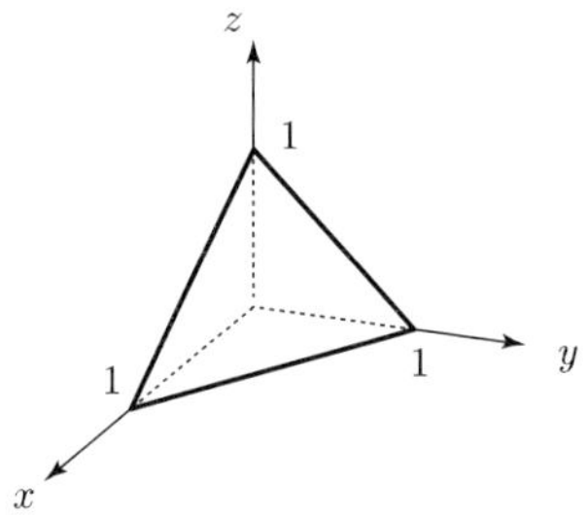

(2)

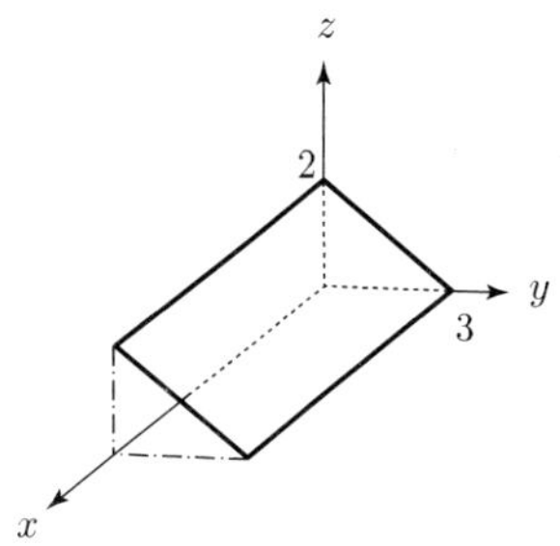

(3)

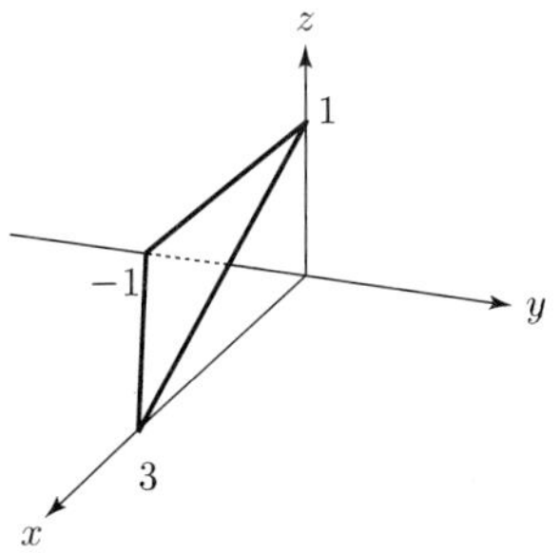

(4)

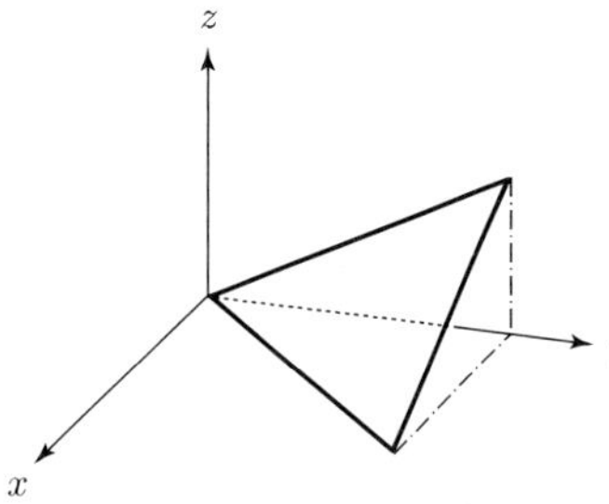

09. $\dfrac{\pi}{4}$

11. (1) $\dfrac{x-5}{5} = y - 1 = \dfrac{z-1}{3}$ (2) $3y - z = 2$

연습문제 2.4

01. (1) $(-13,\ -9,\ -6)$ (2) $(3,\ 6,\ 2)$ (3) $(4,\ 8,\ 1)$

(4) -13 (5) $(-26,\ 12,\ 8)$ (6) $(-6,\ -12,\ 31)$

03. 먼저 $\|\boldsymbol{a}\times\boldsymbol{b}\|=\|\boldsymbol{a}\|\|\boldsymbol{b}\||\sin\theta|=\|\boldsymbol{a}\|\|\boldsymbol{b}\|$ 이면 $|\sin\theta|=1$이므로

$\theta=\pm\dfrac{\pi}{2}$이다. 따라서 $\boldsymbol{a}\perp\boldsymbol{b}$이고 $\boldsymbol{a}\cdot\boldsymbol{b}=0$이다.

역으로 $\boldsymbol{a}\cdot\boldsymbol{b}=0$이면 $\|\boldsymbol{a}\times\boldsymbol{b}\|^2=\|\boldsymbol{a}\|^2\|\boldsymbol{b}\|^2-(\boldsymbol{a}\cdot\boldsymbol{b})^2|=\|\boldsymbol{a}\|^2\|\boldsymbol{b}\|^2$으로부터

$\|\boldsymbol{a}\times\boldsymbol{b}\|=\|\boldsymbol{a}\|\|\boldsymbol{b}\|$ 성립한다.

05. (1) $\pm\dfrac{1}{\sqrt{14}}(3,\ 2,\ 1)$ (2) $3x+2y+z=6$ (3) $\dfrac{6}{\sqrt{14}}$

07. $\dfrac{1}{\sqrt{195}}(-5,\ 1,\ 13)$

09. $\boldsymbol{a}$의 $\boldsymbol{e}$에 평행한 성분$=P_e(\boldsymbol{a})=(\boldsymbol{a}\cdot\boldsymbol{e})\boldsymbol{e}$,

수직인 성분$=\boldsymbol{a}-P_e(\boldsymbol{a})=\boldsymbol{a}-(\boldsymbol{a}\cdot\boldsymbol{e})\boldsymbol{e}$,

$\boldsymbol{e}\times(\boldsymbol{a}\times\boldsymbol{e})=(\boldsymbol{e}\cdot\boldsymbol{e})\boldsymbol{a}-(\boldsymbol{a}\cdot\boldsymbol{e})\boldsymbol{e}=\boldsymbol{a}-(\boldsymbol{a}\cdot\boldsymbol{e})\boldsymbol{e}$이므로

$\boldsymbol{a}=(\boldsymbol{a}\cdot\boldsymbol{e})\boldsymbol{e}+(\boldsymbol{a}-(\boldsymbol{a}\cdot\boldsymbol{e})\boldsymbol{e})=(\boldsymbol{a}\cdot\boldsymbol{e})\boldsymbol{e}+\boldsymbol{e}\times(\boldsymbol{a}\times\boldsymbol{e})$

연습문제 2.5

01. (1)

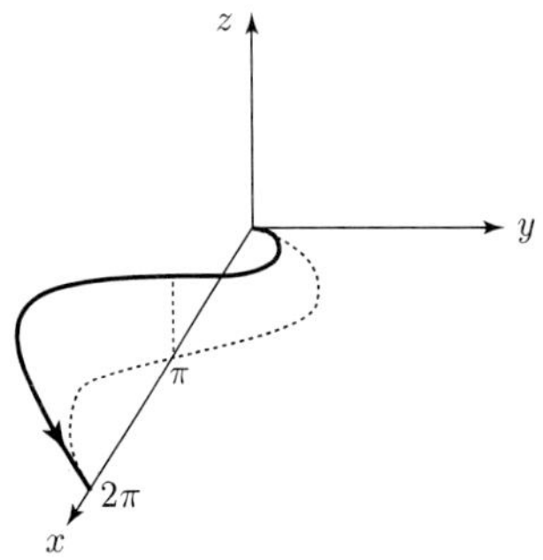

(2)

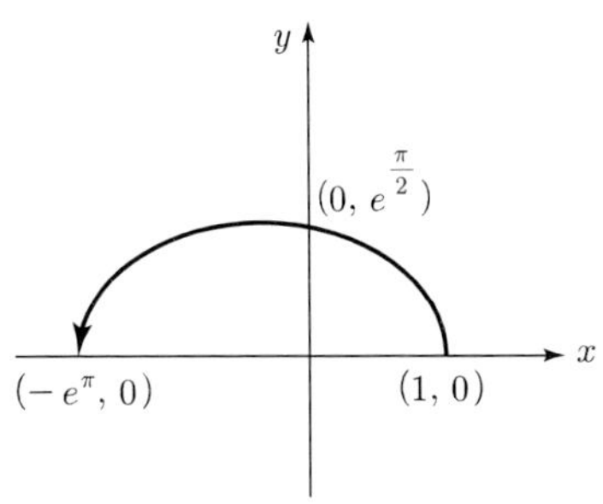

(3)

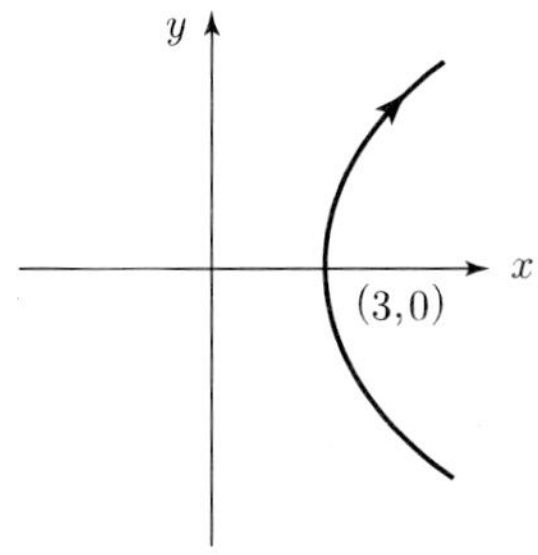

03. $r^2(t) = \|\boldsymbol{r}(t)\|^2 = \boldsymbol{r}(t)\cdot\boldsymbol{r}(t)$의 양변을 미분하면 $r(t)r'(t) = \boldsymbol{r}(t)\cdot\boldsymbol{r}'(t)$

따라서

$$r(t)(\boldsymbol{r}(t)\cdot\boldsymbol{r}'(t)) = \frac{1}{2}r(t)(\boldsymbol{r}(t)\cdot\boldsymbol{r}(t))')$$
$$= \frac{1}{2}r(t)(r^2(t))' = r'(t)r^2(t) = r'(t)\boldsymbol{r}(t)\cdot\boldsymbol{r}(t).$$

05. $\boldsymbol{v} = (-1,\ -18,\ 2)$, $\boldsymbol{a} = (6,\ -42,\ 2)$, $\boldsymbol{a}_T = \dfrac{754}{\sqrt{329}} \approx 41.57$,

$\boldsymbol{a}_N = \sqrt{\dfrac{6231}{82}} \approx 8.72$

07. (1) $\boldsymbol{T} = \dfrac{1}{\sqrt{14}}(3,\ 2)$, $\boldsymbol{N} = \dfrac{1}{\sqrt{14}}(2,\ -3)$, $\boldsymbol{a}_T = \dfrac{6}{\sqrt{14}}$, $\boldsymbol{a}_N = \sqrt{\dfrac{166}{7}}$

(2) $\kappa = \dfrac{17}{14\sqrt{14}}$

09. 곡선의 벡터방정식: $\boldsymbol{r}(\theta) = ((1+\cos\theta)\cos\theta,\ (1+\cos\theta)\sin\theta)$, $0 \le \theta \le \pi$

$\theta = \dfrac{\pi}{2}$에서의 곡률: $k = \dfrac{3}{2\sqrt{2}}$

연습문제 2.6

01. (1) $(4\ \ 5)$ (2) $B^\top = \begin{pmatrix} 3 & 1 & 5 \\ 2 & -7 & 4 \end{pmatrix}$

03. (1) $2A = \begin{pmatrix} 4 & 2 & -6 \\ 2 & 4 & 8 \end{pmatrix}$

(2) $2\begin{pmatrix} 1 & 0 \\ 0 & 1 \end{pmatrix}\begin{pmatrix} 2 & 1 & -3 \\ 1 & 2 & 4 \end{pmatrix} = \begin{pmatrix} 2 & 0 \\ 0 & 2 \end{pmatrix}\begin{pmatrix} 2 & 1 & -3 \\ 1 & 2 & 4 \end{pmatrix} = \begin{pmatrix} 4 & 2 & -6 \\ -2 & 4 & 8 \end{pmatrix}$

05. $A^{-1} = \begin{pmatrix} 1 & -2 \\ 0 & 1 \end{pmatrix}$

07. $|E|=-1\neq 0$이므로 역행렬 E^{-1}가 존재한다.

09. (1) $r(A)=3$, (2) $r(B)=2$

2장 종합문제

01. $\overrightarrow{AR}=\dfrac{m}{m+n}\overrightarrow{AB} \Rightarrow \boldsymbol{r}-\boldsymbol{a}=\dfrac{m}{m+n}(\boldsymbol{b}-\boldsymbol{a}) \Rightarrow \boldsymbol{r}=\dfrac{n\boldsymbol{a}+m\boldsymbol{b}}{m+n}$

03. (1) $\boldsymbol{c}\cdot(\|\boldsymbol{a}\|\boldsymbol{b}-\|\boldsymbol{b}\|\boldsymbol{a})=0$ (2) $\dfrac{\boldsymbol{c}\cdot\boldsymbol{a}}{\|\boldsymbol{c}\|\,\|\boldsymbol{a}\|}=\dfrac{\boldsymbol{c}\cdot\boldsymbol{b}}{\|\boldsymbol{c}\|\,\|\boldsymbol{b}\|}$

05. $(5,\ 9,\ 13)$

07. $x=1+9t,\ y=1+3t,\ z=2-5t$

09. 수선의 발: $\left(\dfrac{10}{14},\ \dfrac{15}{14},\ -\dfrac{5}{14}\right)$, 원점으로부터의 거리: $\dfrac{5}{\sqrt{14}}$

11. 벡터 $\boldsymbol{a}$와 $\boldsymbol{b}$를 두 변으로 하는 삼각형의 빗변은 $\boldsymbol{a}-\boldsymbol{b}$이고, 그 길이가 $\|\boldsymbol{a}-\boldsymbol{b}\|=c$이므로

$$\boldsymbol{a}\cdot\boldsymbol{b}=\frac{1}{2}(\|\boldsymbol{a}\|^2+\|\boldsymbol{b}\|^2-\|\boldsymbol{a}-\boldsymbol{b}\|^2)=\frac{1}{2}(a^2+b^2-c^2)$$

삼각형의 면적 $S=\dfrac{1}{2}\|\boldsymbol{a}\times\boldsymbol{b}\|$,

$$\|\boldsymbol{a}\times\boldsymbol{b}\|^2=4S^2=a^2b^2-\frac{1}{4}(a^2+b^2-c^2)^2$$

$$=\frac{1}{4}(a+b+c)(a+b-c)(c+a-b)(c-a+b)$$ 임을 이용.

13. (1) $x=2+s,\ y=3+2s+3t,\ z=1+t,\ (s,\ t\in\mathbb{R})$

(2) $2x-y+3z=4$

(3) $\boldsymbol{x}=(1,\ 0,\ 0)+s(1,\ 0,\ -1)+t(1,\ -1,\ 0),\ (s,\ t\in\mathbb{R})$

15. 단위벡터 $\boldsymbol{e}=\dfrac{\boldsymbol{r}}{\|\boldsymbol{r}\|}$에 대해서 $\boldsymbol{r}'$을 수평성분과 수직성분으로 분해하면 $\boldsymbol{r}'=(\boldsymbol{r}'\cdot\boldsymbol{e})\boldsymbol{e}+\boldsymbol{e}\times(\boldsymbol{r}'\times\boldsymbol{e})$이고, $\|\boldsymbol{r}\|^2=\boldsymbol{r}\cdot\boldsymbol{r}$의 양변을 미분하여 $\|\boldsymbol{r}\|'=\boldsymbol{e}\cdot\boldsymbol{r}'$이 얻어진다. 이제 $\boldsymbol{r}=\|\boldsymbol{r}\|\boldsymbol{e}$의 양변을 미분하면 $\boldsymbol{r}'=\|\boldsymbol{r}\|'\boldsymbol{e}+\|\boldsymbol{r}\|\boldsymbol{e}'=(\boldsymbol{r}'\cdot\boldsymbol{e})\boldsymbol{e}+\|\boldsymbol{r}\|\boldsymbol{e}'$ 이므로

$$\frac{d}{dt}\frac{\boldsymbol{r}}{\|\boldsymbol{r}\|}=\boldsymbol{e}'=\frac{\boldsymbol{r}'-(\boldsymbol{r}'\cdot\boldsymbol{e})\boldsymbol{e}}{\|\boldsymbol{r}\|}=\frac{\boldsymbol{e}\times(\boldsymbol{r}'\times\boldsymbol{e})}{\|\boldsymbol{r}\|}=\frac{\boldsymbol{r}\times(\boldsymbol{r}'\times\boldsymbol{r})}{\|\boldsymbol{r}\|^3}$$

한편, 둘째 식은 $\|\boldsymbol{e}\times(\boldsymbol{r}'\times\boldsymbol{e})\|=\|\boldsymbol{r}'\times\boldsymbol{e}\|$의 직접적인 결과이다.

17. (1) $v(t)=c$(상수)이면 $\|\boldsymbol{v}(t)\|^2=\boldsymbol{v}(t)\cdot\boldsymbol{v}(t)=c^2$

양변을 미분하면 $\boldsymbol{v}(t)\cdot\boldsymbol{a}(t)=0$가 되어 속도와 가속도는 서로 수직을 이룬다.

(2) $\boldsymbol{v}(t)\perp\boldsymbol{a}(t)$이므로 $\|\boldsymbol{v}(t)\times\boldsymbol{a}(t)\|=\|\boldsymbol{v}(t)\|\|\boldsymbol{a}(t)\|=v(t)\|\boldsymbol{a}(t)\|$

$$\kappa(t)=\frac{\|\boldsymbol{v}(t)\times\boldsymbol{a}(t)\|}{v^3(t)}=\frac{v(t)\|\boldsymbol{a}(t)\|}{v^3(t)}\Rightarrow\|\boldsymbol{a}(t)\|=v^2(t)\kappa(t)=c^2\kappa(t)$$

19. (1) 44 (2) 0

제3장 다변수 함수의 미분

연습문제 3.1

01. (2.5, 0, 0), (0, 2, 0), (0, 0, 10)을 통과하는 평면

03. 원포물면

05. 원뿔모양

07. 종모양

연습문제 3.2

01. 존재하지 않음

03. 0

05. 2

07. 존재하지 않음

09. $\{(x,\ y)\mid y\neq x^2\}$

11. $\{(x,\ y)\mid(x,\ y)\neq(0,\ 0)\}$

연습문제 3.3

01. $f_x=3,\quad f_y=-8y^3$

03. $f_x=20(2x+3y)^9,\ f_y=30(2x+3y)^9$

05. $f_x=\cos x\cos y,\ f_y=-\sin x\sin y$

07. $f_x = e^{y/x}\left(1 - \dfrac{y}{x}\right),\ f_y = e^{y/x}$

09. $f_x = z - 10xy^3z^4,\ f_y = -15x^2y^2z^4,\ f_z = x - 20x^2y^3z^3$

11. $f_x = -\dfrac{x}{(x^2+y^2+z^2)^{3/2}},\ f_y = -\dfrac{y}{(x^2+y^2+z^2)^{3/2}},\ f_z = -\dfrac{z}{(x^2+y^2+z^2)^{3/2}}$

13. $\dfrac{\partial z}{\partial x} = \dfrac{3yz - 2x}{2z - 3xy},\ \dfrac{\partial z}{\partial y} = \dfrac{3xz - 2y}{2z - 3xy}$

15. $f_{xx} = 0,\ f_{xy} = 0,\ f_{yy} = 0$

17. $f_{xx} = 2y - y\sin x,\ f_{xy} = 2x + \cos x,\ f_{yy} = -\cos y$

연습문제 3.4

01. $\Delta z = y\Delta x + x\Delta y + \Delta x\Delta y,\quad dz = ydx + xdy$

03. $\Delta z = (2x+3y)\Delta x + (3x-2y)\Delta y + (\Delta x)^2 + 3\,\Delta x\,\Delta y - (\Delta y)^2,$

$dz = (2x+3y)dx + (3x-2y)dy$

05. $z = -8x - 2y$

07. $z = y$

09. $x - y - z = 0$

연습문제 3.5

01. $4(2xy+y^2)t^3 - 3(x^2+2xy)t^2$

03. $e^{y/z}\left[2t - \dfrac{x}{z} - \dfrac{2xy}{z^2}\right]$

05. $\dfrac{\partial z}{\partial s} = t^2\cos\theta\cos\phi - 2st\sin\theta\sin\phi,\quad \dfrac{\partial z}{\partial t} = 2st\cos\theta\cos\phi - s^2\sin\theta\sin\phi$

07. $\dfrac{\partial z}{\partial s} = e^r\left(t\cos\theta - \dfrac{s}{\sqrt{s^2+t^2}}\sin\theta\right),\ \dfrac{\partial z}{\partial t} = e^r\left(s\cos\theta - \dfrac{t}{\sqrt{s^2+t^2}}\sin\theta\right)$

09. 85, 178, 54

11. $\dfrac{\sin(x-y) + e^y}{\sin(x-y) - xe^y}$

13. $\dfrac{\partial z}{\partial x} = -\dfrac{z^2}{x^2},\ \dfrac{\partial z}{\partial y} = -\dfrac{z^2}{y^2}$

15. $90\mathrm{cm}^2/\mathrm{s}$

3장 종합문제

01. 아니오

03. $f_x = 1/\sqrt{2x+y^2},\ f_x = y/\sqrt{2x+y^2}$

05. $f_x = \ln(y+e^z),\ f_y = x/(y+e^z),\ f_z = xe^z/(y+e^z)$

07. $f_{xx} = k(k-1)x^{k-2}y^l z^m,\ \ f_{xy} = klx^{k-1}y^{l-1}z^m,\ \ f_{xz} = kmx^{k-1}y^l z^{m-1}$

09. $2x - 2y - 3z = 3$

11. $2xy^3(1+6p) + 3x^2y^2(pe^p + e^p) + 4z^3(p\cos p + \sin\ p)$

제4장 중적분

연습문제 4.1

01. $(-1,\ 1),\ (-1,\ 2),\ (0,\ 1),\ (0,\ 2),\ (1,\ 1),\ (1,\ 2),\ (2,\ 1),\ (2,\ 2)$

03. -52

05. (1) $\dfrac{16\pi}{3}$ (2) $\dfrac{1}{2}$ (3) $-\dfrac{1}{2}$ (4) 234

07. 48

연습문제 4.2

01. (1) $\displaystyle\int_0^1\int_0^{2\sqrt{y}} f(x,\ y)dxdy + \int_1^3\int_0^{3-y} f(x,\ y)dxdy$

(2) $\displaystyle\int_0^a\int_{\frac{y^2}{a}}^{2a-x} f(x,\ y)dydx$

(3) $\displaystyle\int_0^2\int_0^{\cos^{-1}\frac{r}{2}} f(r,\ \theta)rd\theta dr$

03. $\frac{3}{2}$

05. 16π

07. $\frac{2}{3}$

연습문제 4.3

01. 0

03. $\frac{3\pi}{2}$

05. $\frac{\pi}{4}(1-e)$

07. $\frac{1}{6}$

09. $\frac{\sqrt{\pi}}{2}$

연습문제 4.4

01. 8

03. $\frac{1}{3}$

05. $\frac{18}{35}$

07. 4

연습문제 4.5

01. (1) 54 (2) 0 (3) $\frac{\pi}{2}$ (4) $6\pi\left(1-\frac{1}{\sqrt{2}}\right)$

03. $\frac{\pi}{2}$

05. 32

07. $\frac{4}{3}\pi a^3$

4장 종합문제

01. (1)

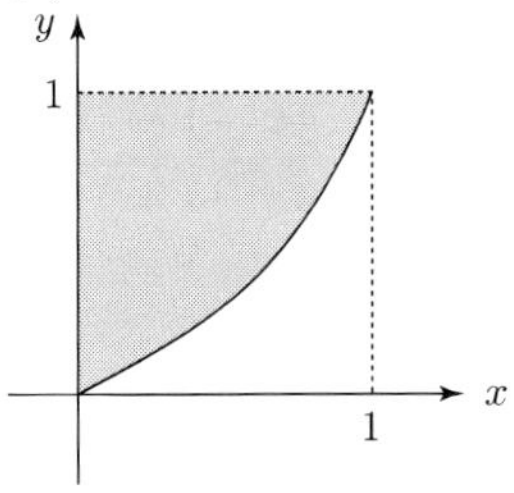

답: $\frac{2}{9}(2\sqrt{2}-1)$

(2)

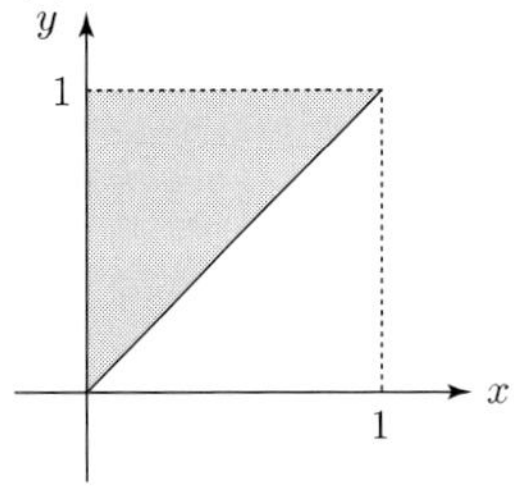

답: $\frac{1}{2}(e-1)$

(3)

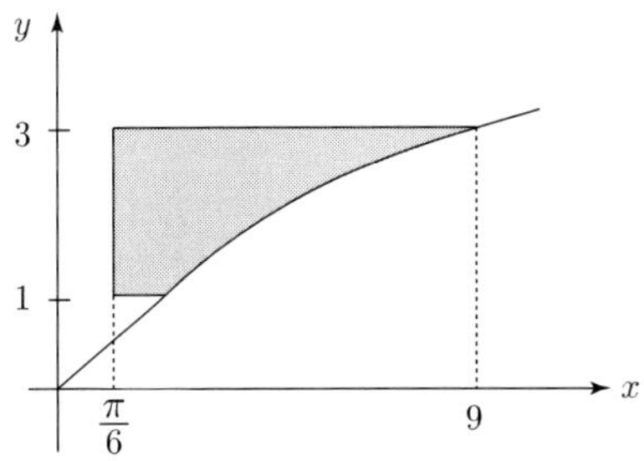

답: $\cos 1 - \cos 9 - 4$

(4)

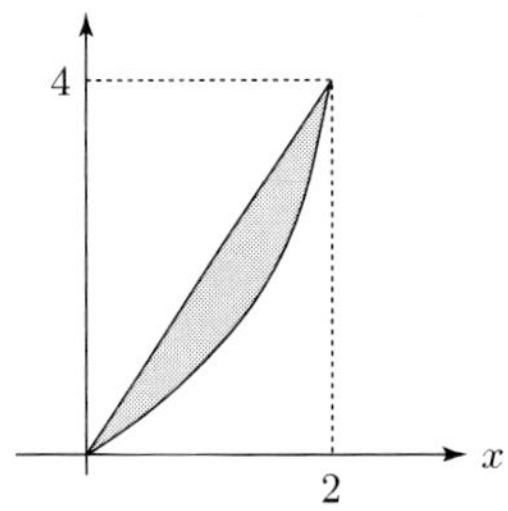

답: $\frac{32}{15}$

03. (1) $2\cos 16$ (2) $\frac{1}{2}(e-2)$ (3) $\frac{e}{2}-1$ (4) $\frac{1}{4}(e^8-1)$

05. (1) π (2) $\frac{\pi}{8}$ (3) 8π (4) $\frac{\pi}{4}(1-\cos 1)$

07.

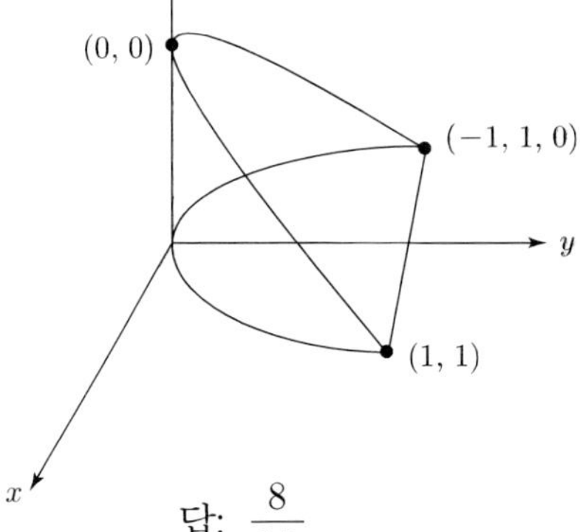

답: $\frac{8}{15}$

2 적분표

CALCULUS

기본형

1. $\int du = u + c$

2. $\int c\, du = c \int du$

3. $\int (f + g + \cdots) du = \int f\, du + \int g\, du + \cdots$

4. $\int u\, dv = uv - \int v\, du$

5. $\int u^n\, du = \frac{u^{n+1}}{n+1} + c \qquad (\neq -1)$

6. $\int \frac{du}{u} = \log u + c$

$a+bu$를 포함하는 유리식형

7. $\int \frac{u\, du}{a+bu} = \frac{1}{b^2}[a + bu - a \log(a+bu)] + c$

8. $\int \frac{u^2\, du}{a+bu} = \frac{1}{b^3}\left[\frac{1}{2}(a+bu)^2 - 2a(a+bu) + a^2 \log(a+bu)\right] + c$

9. $\int \frac{u\, du}{(a+bu)^2} = \frac{1}{b^2}\left[\frac{a}{a+bu} + \log(a+bu)\right] + c$

10. $\int \frac{u^2\, du}{(a+bu)^2} = \frac{1}{b^3}\left[a + bu - \frac{a^2}{a+bu} - 2a \log(a+bu)\right] + c$

11. $\int \frac{du}{u(a+bu)} = -\frac{1}{a} \log \frac{a+bu}{u} + c$

12. $\int \frac{du}{u^2(a+bu)} = -\frac{1}{au} + \frac{b}{a^2} \log \frac{a+bu}{u} + c$

13. $\int \frac{du}{u(a+bu)^2} = -\frac{1}{a(a+bu)} - \frac{1}{a^2} \log \frac{a+bu}{u} + c$

$\sqrt{a+bu}$를 포함하는 형

14. $$\int u\sqrt{a+bu}\,du = \frac{2(3bu-2a)}{15b^2}(a+bu)^{\frac{3}{2}}+c$$

15. $$\int u^2\sqrt{a+bu}\,du = \frac{2(15b^2u^2-12abu+8a^2)}{105b^3}(a+bu)^{\frac{3}{2}}+c$$

16. $$\int \frac{u\,du}{\sqrt{a+bu}} = \frac{2(2bu+2a)}{3b^2}\sqrt{a+bu}+c$$

17. $$\int \frac{u^2\,du}{\sqrt{a+bu}} = \frac{2(3b^2u^2-4abu+8a^2)}{15b^3}\sqrt{a+bu}+c$$

18a. $$\int \frac{du}{u\sqrt{a+bu}} = \frac{1}{\sqrt{a}}\log\frac{\sqrt{a+bu}-\sqrt{a}}{\sqrt{a+bu}+\sqrt{a}}+c \quad (a>0)$$

18b. $$\int \frac{du}{u\sqrt{a+bu}} = \frac{2}{\sqrt{-a}}\arctan\frac{\sqrt{a+bu}}{-a}+c \quad (a<0)$$

19. $$\int \frac{du}{u^2\sqrt{a+bu}} = -\frac{\sqrt{a+bu}}{au}-\frac{b}{2a}\int\frac{du}{u\sqrt{a+bu}}$$

20. $$\int \frac{\sqrt{a+bu}}{u}du = 2\sqrt{a+bu}+a\int\frac{du}{u\sqrt{a+bu}}$$

21. $$\int \frac{\sqrt{a+bu}}{u^2}du = -\frac{\sqrt{a+bu}}{u}+\frac{b}{2}\int\frac{du}{u\sqrt{a+bu}}$$

$a^2 \pm u^2$과 u^2-a^2을 포함하는 형

22. $$\int \frac{du}{a^2+u^3} = \frac{1}{a}\arctan\frac{u}{a}+c, \text{ if } a>0$$

23. $$\int \frac{du}{a^2+u^3} = \frac{1}{2a}\ln\frac{a+u}{a-u}+C = \frac{1}{a}\arctan\frac{u}{a}+c, \text{ if } u^2<a^2$$

24. $$\int \frac{du}{a^2+u^3} = \frac{1}{2a}\ln\frac{u+a}{u+a}+C = -\frac{1}{a}\arctan\frac{u}{a}+c, \text{ if } u^2>a^2$$

$\sqrt{a^2-u^2}$ 을 포함하는 형

25. $$\int \frac{du}{\sqrt{a^2-u^2}} = \arcsin\frac{u}{a}+c, \quad (u^2<a^2,\ a>0)$$

26. $$\int \sqrt{a^2-u^2}\,du = \frac{u}{2}\sqrt{a^2-u^2}+\frac{a^2}{2}\arcsin\frac{u}{a}+c$$

27. $\int u^2\sqrt{a^2-u^2}\,du = -\frac{u}{4}(a^2-u^2)^{\frac{3}{2}} + \frac{a^2}{8}u\sqrt{a^2-u^2} + \frac{a^4}{8}\arcsin\frac{u}{a} + c$

28. $\int \frac{\sqrt{a^2-u^2}}{u}du = \sqrt{a^2-u^2} - a\log\left(\frac{a+\sqrt{a^2-u^2}}{u}\right) + c$

29. $\int \frac{\sqrt{a^2-u^2}}{u^2}du = -\frac{\sqrt{a^2-u^2}}{u} - \arcsin\frac{u}{a} + c$

30. $\int \frac{u^2\,du}{\sqrt{a^2-u^2}} = -\frac{u}{2}\sqrt{a^2-u^2} + \frac{a^2}{2}\arcsin\frac{u}{a} + c$

31. $\int \frac{du}{u\sqrt{a^2-u^2}} = -\frac{1}{a}\log\left(\frac{a+\sqrt{a^2-u^2}}{u}\right) + c$

32. $\int \frac{du}{u\sqrt{a^2-u^2}} = -\frac{\sqrt{a^2-u^2}}{a^2u} + c$

33. $\int (a^2-u^2)^{\frac{3}{2}}du = -\frac{u}{8}(2u^2-5a^2)\sqrt{a^2-u^2} + \frac{3a^4}{8}\arcsin\frac{u}{a} + c$

34. $\int \frac{du}{(a^2-u^2)^{\frac{3}{2}}} = \frac{u}{a^2\sqrt{a^2-u^2}} + c$

$\sqrt{a^2+u^2}$ 을 포함하는 형

35. $\int \frac{du}{\sqrt{a^2+u^2}} = \log(u+\sqrt{a^2+u^2}) + C = \operatorname{arcsinh}\frac{u}{a} + c$

36. $\int \sqrt{a^2+u^2}\,du = \frac{u}{2}\sqrt{a^2+u^2} + \frac{a^2}{2}\log(u+\sqrt{a^2+u^2}) + c$

$$= \frac{u}{2}\sqrt{a^2+u^2} + \frac{a^2}{2}\operatorname{arcsinh}\frac{u}{a} + c$$

37. $\int u^2\sqrt{a^2+u^2}\,du = \frac{u}{8}(2u^2+a^2)\sqrt{a^2+u^2} - \frac{a^4}{8}\log(u+\sqrt{a^2+u^2}) + c$

$$= \frac{u}{8}(2u^2+a^2)\sqrt{a^2+u^2} - \frac{a^4}{8}\operatorname{arcsinh}\frac{u}{a} + c$$

38. $\int \frac{\sqrt{a^2+u^2}}{u}du = \sqrt{a^2+u^2} - a\log\left(\frac{a+\sqrt{a^2+u^2}}{u}\right) + c$

39. $$\int \frac{\sqrt{a^2+u^2}}{u^2}du = -\frac{\sqrt{a^2+u^2}}{u} + \ln(u+\sqrt{a^2+u^2}) + c$$
$$= -\frac{\sqrt{a^2+u^2}}{u} + \operatorname{arcsinh}\frac{u}{a} + c$$

40. $$\int \frac{u^2\,du}{\sqrt{a^2+u^2}} = \frac{u}{2}\sqrt{a^2+u^2} - \frac{a^2}{2}\log(u+\sqrt{a^2+u^2}) + c$$
$$= \frac{u}{2}\sqrt{a^2+u^2} - \frac{a^2}{2}\operatorname{arcsinh}\frac{u}{a} + c$$

41. $$\int \frac{du}{u\sqrt{a^2+u^2}} = -\frac{1}{a}\log\left(\frac{\sqrt{a^2+u^2}+a}{u}\right) + c$$

42. $$\int \frac{du}{u^2\sqrt{a^2+u^2}} = -\frac{\sqrt{a^2+u^2}}{a^2u} + c$$

43. $$\int (a^2+u^2)^{\frac{3}{2}}du = \frac{u}{8}(2u^2+5a^2)\sqrt{a^2+u^2} + \frac{3a^4}{8}\log(u+\sqrt{a^2+u^2}) + c$$
$$= \frac{u}{8}(2u^2+5a^2)\sqrt{a^2+u^2} + \frac{3a^4}{8}\operatorname{arcsinh}\frac{u}{a} + c$$

44. $$\int \frac{du}{(a^2+u^2)^{\frac{3}{2}}} = \frac{u}{a^2\sqrt{a^2+u^2}} + c$$

$\sqrt{u^2-a^2}$ 을 포함하는 형

45. $$\int \frac{du}{\sqrt{u^2-a^2}} = \log(u+\sqrt{u^2-a^2}) + C = \operatorname{arccosh}\frac{u}{a} + c$$

46. $$\int \sqrt{u^2-a^2}\,du = \frac{u}{2}\sqrt{u^2-a^2} - \frac{a^2}{2}\log(u+\sqrt{u^2-a^2}) + c$$
$$= \frac{u}{2}\sqrt{u^2-a^2} + \frac{a^2}{2}\operatorname{arccosh}\frac{u}{a} + c$$

47. $$\int u^2\sqrt{u^2-a^2}\,du = \frac{u}{8}(2u^2-a^2)\sqrt{u^2-a^2} - \frac{a^4}{8}\log(u+\sqrt{u^2-a^2}) + c$$
$$= \frac{u}{8}(2u^2-a^2)\sqrt{u^2-a^2} - \frac{a^4}{8}\operatorname{arccosh}\frac{u}{a} + c$$

48. $$\int \frac{\sqrt{u^2-a^2}}{u}du = \sqrt{u^2-a^2} - a\,\mathrm{arccos}\,\frac{a}{u} + c$$
$$= \sqrt{u^2-a^2} - a\,\mathrm{arcsec}\,\frac{u}{a} + c$$

49. $$\int \frac{\sqrt{u^2-a^2}}{u^2}du = -\frac{\sqrt{u^2-a^2}}{u} + \log(u+\sqrt{u^2-a^2}) + c$$
$$= -\frac{\sqrt{u^2-a^2}}{u} + \mathrm{arccosh}\,\frac{u}{a} + c$$

50. $$\int \frac{u^2\,du}{\sqrt{u^2-a^2}} = \frac{u}{2}\sqrt{u^2-a^2} + \frac{a^2}{2}\log(u+\sqrt{u^2-a^2}) + c$$
$$= \frac{u}{2}\sqrt{u^2-a^2} + \frac{a^2}{2}\mathrm{arccosh}\,\frac{u}{a} + c$$

51. $$\int \frac{du}{u\sqrt{u^2-a^2}} = \frac{1}{a}\mathrm{arccos}\,\frac{a}{u} + C = \frac{1}{a}\mathrm{arcsec}\,\frac{u}{a} + c$$

52. $$\int \frac{du}{u^2\sqrt{u^2-a^2}} = \frac{\sqrt{u^2-a^2}}{a^2u} + c$$

53. $$\int (u^2-a^2)^{\frac{3}{2}}du = \frac{u}{8}(2u^2-5a^2)\sqrt{u^2-a^2} + \frac{3a^4}{8}\log(u+\sqrt{u^2-a^2}) + c$$
$$= \frac{u}{8}(2u^2-5a^2)\sqrt{u^2-a^2} + \frac{3a^4}{8}\mathrm{arccosh}\,\frac{u}{a} + c$$

54. $$\int \frac{du}{(u^2-a^2)^{\frac{3}{2}}} = \frac{u}{a^2\sqrt{u^2-a^2}} + c$$

$\sqrt{2au-u^2}$ 을 포함하는 형

55. $$\int \sqrt{2au-u^2}\,du = \frac{u-a}{2}\sqrt{2au-u^2} + \frac{a^2}{2}\mathrm{arccos}\left(1-\frac{u}{a}\right) + c$$

56. $$\int u\sqrt{2au-u^2}\,du = \frac{2u^2-au-3a^2}{6}\sqrt{2au-u^2} + \frac{a^2}{2}\mathrm{arccos}\left(1-\frac{u}{a}\right) + c$$

57. $$\int \frac{\sqrt{2au-u^2}}{u}du = \sqrt{2au-u^2} + a\,\mathrm{arccos}\left(1-\frac{u}{a}\right) + c$$

58. $\displaystyle\int \frac{\sqrt{2au-u^2}}{u^2}\,du = -\frac{2\sqrt{2au-u^2}}{u} + a\arccos\left(1-\frac{u}{a}\right)+c$

59. $\displaystyle\int \frac{du}{\sqrt{2au-u^2}} = 2\arcsin\sqrt{\frac{u}{2a}} + C = \arccos\left(1-\frac{u}{a}\right)+c$

60. $\displaystyle\int \frac{u\,du}{\sqrt{2au-u^2}} = -\sqrt{2au-u^2} + a\arccos\left(1-\frac{u}{a}\right)+c$

61. $\displaystyle\int \frac{u^2\,du}{\sqrt{2au-u^2}} = -\frac{(u+3a)}{2}\sqrt{2au-u^2} + \frac{3a^2}{2}\arccos\left(1-\frac{u}{a}\right)+c$

62. $\displaystyle\int \frac{du}{u\sqrt{2au-u^2}} = -\frac{\sqrt{2au-u^2}}{au}+c$

63. $\displaystyle\int \frac{du}{(2au-u^2)^{\frac{3}{2}}} = \frac{u-a}{a^2\sqrt{2au-u^2}}+c$

삼각함수에 관한 공식

64. $\displaystyle\int \sin u\,du = -\cos u + c$

65. $\displaystyle\int \cos u\,du = \sin u + c$

66. $\displaystyle\int \tan u\,du = -\log\cos u + c = -\log\sec u + c$

67. $\displaystyle\int \cot u\,du = \log\sin u + c = -\log\csc u + c$

68. $\displaystyle\int \sec u\,du = \log(\sec u + \tan u) + c = \log\tan\left(\frac{u}{2}+\frac{\pi}{4}\right)+c$

69. $\displaystyle\int \csc u\,du = -\log(\csc u + \cot u) + c = \log\tan\frac{u}{2}+c$

70. $\displaystyle\int \sec^2 u\,du = \tan u + c$

71. $\displaystyle\int \csc^2 u\,du = -\cot u + c$

72. $\displaystyle\int \sec u\tan u\,du = \sec u + c$

73. $\displaystyle\int \csc u\cot u\,du = -\csc u + c$

74. $\displaystyle\int \sin^2 u\,du = \frac{1}{2}(u-\sin u\cos u)+c = \frac{1}{2}u-\frac{1}{4}\sin 2u+c$

75. $\displaystyle\int \cos^2 u\,du = \frac{1}{2}(u + \sin u \cos u) + c = \frac{1}{2}u + \frac{1}{4}\sin 2u + c$

76. $\displaystyle\int \tan^2 u\,du = \tan u - u + c$

77. $\displaystyle\int \sec^3 u\,du = \frac{1}{2}\sec u \tan u + \frac{1}{2}\log(\sec u + \tan u) + c$

78. $\displaystyle\int \sin \mu \sin \nu\,du = \frac{\sin(m-n)u}{2(m-n)} - \frac{\sin(m+n)u}{2(m+n)} + c$

79. $\displaystyle\int \sin mu \cos nu\,du = -\frac{\cos(m-n)u}{2(m-n)} - \frac{\cos(m+n)u}{2(m+n)} + c$

80. $\displaystyle\int \cos mu \cos nu\,du = \frac{\sin(m-n)u}{2(m-n)} - \frac{\cos(m+n)u}{2(m+n)} + c$

81. $\displaystyle\int u \sin u\,du = \sin u - u\cos u + c$

82. $\displaystyle\int u \cos u\,du = \cos u + u \sin u + c$

83. $\displaystyle\int u^2 \sin u\,du = (2 - u^2)\cos u + 2u \sin u + c$

84. $\displaystyle\int u^2 \cos u\,du = (u^2 - 2)\sin u + 2u\cos u + c$

85a. $\displaystyle\int \sin^m u \cos^n u\,du = -\frac{\sin^{m-1} u \cos^{n+1} u}{m+n}\int \sin^{m-2} u \cos^n u\,du$

85b. $\displaystyle\int \sin^m u \cos^n u\,du = -\frac{\sin^{m+1} u \cos^{n-1} u}{m+n}\int \sin^m u \cos^{n-2} u\,du$

86a. $\displaystyle\int \frac{du}{a + b\cos u} = \frac{2}{\sqrt{a^2 - b^2}}\arctan\left(\frac{\sqrt{a^2 - b^2}\tan\frac{u}{2}}{a+b}\right) + c$, 단 $a^2 > b^2$

86b. $\displaystyle\int \frac{du}{a + b\cos u} = \frac{1}{\sqrt{b^2 - a^2}}\log\left(\frac{a + b + \sqrt{b^2 - a^2}\tan\frac{u}{2}}{a + b - \sqrt{b^2 - a^2}\tan\frac{u}{2}}\right) + c$, 단 $b^2 > a^2$

87a. $\displaystyle\int \frac{du}{a + b\sin u} = \frac{2}{\sqrt{a^2 - b^2}}\arctan\left(\frac{a\tan\frac{u}{2} + b}{\sqrt{a^2 - b^2}}\right)$, 단 $a^2 > b^2$

87b. $\displaystyle\int \frac{du}{a + b\sin u} = \frac{1}{\sqrt{b^2 - a^2}}\log\left(\frac{a\tan\frac{u}{2} + b - \sqrt{b^2 - a^2}}{a\tan\frac{u}{2} + b + \sqrt{b^2 - a^2}}\right) + c$, 단 $b^2 > a^2$

역삼각함수에 관한 공식

88. $\int \arcsin u\, du = u \arcsin u + \sqrt{1-u^2} + c$

89. $\int \arccos u\, du = u \arccos u - \sqrt{1-u^2} + c$

90. $\int \arctan u\, du = u \arctan u - \frac{1}{2}\log(1+u^2) + c$

지수 및 대수함수에 관한 공식

91. $\int e^u\, du = e^u + c$

92. $\int a^u\, du = \frac{a^u}{\ln a} + c$

93. $\int u\, e^u\, du = e^u(u-1) + c$

94. $\int u^n e^u\, du = u^n e^u - n\int u^{n-1} e^u\, du$

95. $\int \frac{e^u}{n^n} du = -\frac{e^u}{(n-1)u^{n-1}} + \frac{1}{n-1}\int \frac{e^u\, du}{u^{n-1}}$

96. $\int \log u\, du = u \log u - u + c$

97. $\int u^n \sin u\, du = u^{n+1}\left[\frac{\log u}{n+1} - \frac{1}{(n+1)^2}\right] + c$

98. $\int \frac{du}{u \log u} duu \log u = \log(\log u) + c$

99. $\int e^{au} \sin nu\, du = \frac{e^{au}(a \sin nu - n \cos nu)}{a^2+n^2} + c$

100. $\int e^{au} \cos nu\, du = \frac{e^{au}(a \cos nu - n \sin nu)}{a^2+n^2} + c$

쌍곡선함수에 관한 공식

101. $\int \sinh u\, du = \cosh u + c$

102. $\int \cosh u\, du = \sinh u + c$

103. $\int \tanh u\, du = \log \cosh u + c$

104. $\int \coth u\, du = \log \sinh u + c$

105. $\int \operatorname{sech} u\, du = \arctan(\sinh u) + c$

106. $\int \operatorname{csch} u\, du = \log \tanh \frac{1}{2} u + c$

107. $\int \operatorname{sech}^2 u\, du = \tanh u + c$

108. $\int \operatorname{csch}^2 u\, du = -\coth u + c$

109. $\int \operatorname{sech} u \tanh u\, du = -\operatorname{sech} u + c$

110. $\int \operatorname{csch} u \coth u\, du = -\operatorname{csch} u + c$

111. $\int \sinh^2 u\, du = \frac{1}{4} \sinh 2u - \frac{1}{2} u + c$

112. $\int \cosh^2 u\, du = \frac{1}{4} \sinh 2u + \frac{1}{2} u + c$

113. $\int u \sinh u\, du = u \cosh u - \sinh u + c$

114. $\int u \cosh u\, du = u \sinh u - \cosh u + c$

115. $\int e^{au} \sinh nu\, du = \frac{e^{au}(a \sinh nu - n \cosh nu)}{a^2 - n^2} + c$

116. $\int e^{au} \cosh nu\, du = \frac{e^{au}(a \cosh nu - n \sinh nu)}{a^2 - n^2} + c$

Wallis의 공식(점화식)

117. $\int_0^{\frac{\pi}{2}} \sin^n u\, du = \int_0^{\frac{\pi}{2}} \cos^n u\, du$

$$= \begin{cases} \dfrac{(n-1)(n-3)\cdots 4 \cdot 2}{n(n-2)\cdots 5 \cdot 3 \cdot 1}, & n\text{이 1보다 큰 홀수일 때} \\[2ex] \dfrac{(n-1)(n-3)\cdots 3 \cdot 1}{n(n-2)\cdots 4 \cdot 2} \cdot \dfrac{\pi}{2}, & n\text{이 짝수일 때} \end{cases}$$

118. $\int_0^{\frac{\pi}{2}} \sin^m u \cos^n u\, du$

$$
= \begin{cases} \dfrac{(n-1)(n-3)\cdots 4\cdot 2}{(m+n)(m+n-2)\cdots(m+5)(m+3)(m+1)}, \\ n\text{이 1보다 큰 홀수일 때} \\ \dfrac{(m-1)(m-3)\cdots 4\cdot 2}{(n+m)(n+m-2)\cdots(n+5)(n+3)(n+1)}, \\ m\text{이 1보다 큰 홀수일 때} \\ \dfrac{(m-1)(m-3)\cdots 3\cdot 2\cdot(n-1)(n-3)\cdots 3\cdot 1}{(m+n)(m+n-2)\cdots 4\cdot 2}\cdot\dfrac{\pi}{2}, \\ m\text{과 } n\text{이 짝수일 때} \end{cases}
$$

찾아보기

고급 미적분학 제2판

지은이 김병문 · 김현동 · 손성익 · 송병철 · 오주목
펴낸이 조경희
펴낸곳 경문사
펴낸날 2014년 3월 5일 1판 1쇄
2025년 8월 26일 2판 1쇄
등 록 1979년 11월 9일 제1979-000023호
주 소 04057, 서울특별시 마포구 와우산로 174
전 화 (02)332-2004 팩스 (02)336-5193
이메일 kyungmoon@kyungmoon.com

값 22,000원

ISBN 979-11-6073-797-4